Mario Vallorani

FUNZIONI REALI
DI UNA
VARIABILE REALE

ANALISI MATEMATICA
A PORTATA DI CLIC

a Gigi

Indice

Prefazione   vi

1 Gli insiemi   1
    1.1 Concetto d'insieme 1
    1.2 Definizione di sottoinsieme di un insieme dato 2
    1.3 Proprietà definita in un insieme 3
    1.4 Come assegnare un insieme 5
    1.5 Insiemi numerici e relazioni tra essi 6
    1.6 Rappresentazione (geometrica) cartesiana di $\mathbb{R}$ 6
    1.7 Valore assoluto di un numero e sue proprietà 7
    1.8 Parte intera di un numero 9
    1.9 Alcuni sottoinsiemi di $\mathbb{R}$: gli intervalli 10
    1.10 Insieme unione, intersezione e differenza di due insiemi . 12
    1.11 Insieme unione ed intersezione di un numero qualsiasi di insiemi 15
    1.12 Come esprimere l'insieme delle soluzioni di equazioni e disequazioni 17
    1.13 Insiemi finiti ed infiniti, minimo e massimo di un insieme; insiemi limitati e illimitati 20
    1.14 Una proprietà dell'insieme $\mathbb{R}$ 23
    1.15 Estremi di un insieme; i simboli $-\infty$ e $+\infty$ 23
    1.16 Convenzioni per l'uso dei simboli $-\infty$ e $+\infty$. Proprietà degli estremi di un insieme 26
    1.17 Come si trovano gli estremi di un insieme 28
    1.18 Alcuni insiemi famosi: $\mathbb{R}^2, \mathbb{R}^3, \mathbb{R}^n$ 32

1.19 Riflessioni sul concetto di piano cartesiano 33
1.20 Equazione della retta nel piano cartesiano 36
1.21 Equazione esplicita della retta 43
1.22 Condizioni di parallelismo, d'incidenza e di perpendicolarità tra due rette di un piano cartesiano 44

Esercizi sugli argomenti trattati nel Capitolo 1 51
Esercizi sugli insiemi 51
Esercizi su equazioni, disequazioni e sistemi 54
Esercizi sulla limitatezza degli insiemi 57
Esercizi sul piano cartesiano 58
Esercizi sull'equazione della retta 59

Risposte agli esercizi del Capitolo 1 61

2 Le funzioni 67
2.1 Concetto di funzione 67
2.2 Analisi del concetto di funzione 69
2.3 Grafico e diagramma cartesiano di una funzione 72
2.4 Quando un disegno in un piano cartesiano è un diagramma cartesiano 75
2.5 Funzioni pari, dispari, periodiche e monotòne 77
2.6 Immagine inversa di un numero 82
2.7 Un metodo per trovare il codominio di una funzione . . . 83
2.8 Immagine inversa di un insieme 85
2.9 Funzioni limitate - Minimo e massimo assoluto - Punti di minimo e punti di massimo assoluto 88
2.10 Funzione inversa 90
2.11 Funzioni somma, differenza, prodotto e quoziente di due funzioni 91
2.12 Funzione composta da due funzioni assegnate 94
2.13 Funzione composta da n (con $n > 2$) funzioni assegnate . 95
2.14 Problemi collegati con le funzioni generate da altre funzioni 96
2.15 Funzione identità, valore assoluto, parte intera, ecc. . . . 99
2.16 Un errore diffuso 104
2.17 Nomenclatura in uso 105

Esercizi sugli argomenti trattati nel Capitolo 2   **107**
   Esercizi sul concetto di funzione 107
   Come costruire funzioni a partire da "formule" 113
   Esercizi sulle funzioni monotòne 114
   Esercizi sul concetto d'immagine inversa di un numero e di un
       insieme 115
   Esercizi sulle funzioni limitate 116
   Esercizi sulla funzione inversa 117
   Esercizi sulle funzioni composte 118
   Esercizi riassuntivi 119

Risposte agli esercizi del Capitolo 2   **121**

3 Le funzioni goniometriche   **131**
   3.1   Definizione di angolo orientato 132
   3.2   Definizione di angolo tra due rette 133
   3.3   Definizione di angolo somma ed angolo differenza 135
   3.4   Definizione di angoli orientati uguali - Angolo orientato in
        posizione normale 137
   3.5   Definizioni di coseno e di seno di un angolo orientato . . 140
   3.6   Misura in radianti di un angolo orientato 142
   3.7   Le infinite misure di un angolo orientato - Misura principale di esso 147
   3.8   Considerazioni conclusive sulla definizione di misura . . . 149
   3.9   Come si calcola la $mis\,princ(s,t)$ a partire da un'altra
        misura di esso 150
   3.10 Ancora un problema relazionato con la misura di un angolo
        orientato 152
   3.11 Coseno e seno di un numero 154
   3.12 Due formule da ricordare e loro conseguenze 156
   3.13 Funzioni seno e coseno 159
   3.14 Funzione arcoseno ed arcocoseno 161
   3.15 Soluzioni dell'equazione $\sin x = m$ 162
   3.16 Soluzioni dell'equazione $\cos x = m$ 165
   3.17 Definizione di tangente di un angolo orientato 168

3.18 Definizione di tangente di un numero 169
3.19 Una formula utile per il calcolo della tangente 170
3.20 Definizione di cotangente di un angolo orientato 172
3.21 Definizione di cotangente di un numero 173
3.22 Una formula utile per il calcolo della cotangente 174
3.23 Relazioni tra $\tan(s,t)$ e $\cotan(s,t)$ e tra $\tan\alpha$ e $\cotan\alpha$ 176
3.24 Due formule utili 176
3.25 Funzioni tangente e cotangente 177
3.26 Funzioni arcotangente e arcocotangente 179
3.27 Soluzioni delle equazioni $\tan x = m$ e $\cotan x = m$ 181
3.28 Altre funzioni goniometriche: secante e cosecante 183
3.29 Elenco delle funzioni goniometriche 186
3.30 Risoluzione delle equazioni goniometriche 187

Esercizi sugli argomenti trattati nel Capitolo 3   191
Esercizi sulla misura di angoli orientati 191
Esercizi sulle funzioni seno e coseno 192

Risposte agli esercizi del Capitolo 3   195

4 Le funzioni esponenziali, logaritmiche ed iperboliche   199
4.1 Proprietà delle potenze dei numeri reali 199
4.2 Definizione di logaritmo di un numero reale 201
4.3 Le funzioni esponenziali 203
4.4 Le funzioni logaritmo 205
4.5 Le funzioni coseno e seno iperbolico 207
4.6 Funzione tangente, cotangente, secante e cosecante iperbolica 210
4.7 Relazioni tra le funzioni iperboliche 215
4.8 Le funzioni iperboliche inverse 220
4.9 Elenco delle funzioni iperboliche 223

Esercizi sugli argomenti trattati nel Capitolo 4   225
Esercizi sulle funzioni esponenziali 225
Esercizi sulle funzioni logaritmo 226
Esercizi sulle funzioni iperboliche 227

Risposte agli esercizi del Capitolo 4   229

Prefazione

Questo libro fa parte della collana "Analisi matematica a portata di clic" costituita dai seguenti volumi:

- **Funzioni reali di una variabile reale**
- **Limiti e continuità**
- **Derivabilità, diagrammi e formula di Taylor**
- **Integrazione di funzioni reali di una variabile reale**
- **Successioni e serie numeriche**

La caratteristica di questi libri è di esporre i concetti senza fare un grande uso di simboli. Sono infatti convinto che la difficoltà che la maggior parte degli Studenti del primo anno incontra, sta nel fatto che non riesce a recepire i concetti espressi per mezzo di formule, non avendo ancora sufficiente dimestichezza con tale tipo di linguaggio.

Nella loro redazione ho consultato molti testi di analisi matematica in uso presso le nostre Università dai quali ho anche colto lo spunto per qualche dimostrazione ed ho preso qualche esempio particolarmente calzante.

Tali libri, nel loro complesso, coprono abbondantemente il programma di Analisi Matematica 1 delle nostre università e, da quando sono stati pubblicati, hanno aiutato tanti "Studenti in difficoltà" a superare il suddetto esame. Mi auguro che, ora che sono "a portata di clic", ne aiutino un numero sempre maggiore.

$$* \ * \ *$$

Il libro è suddiviso in quattro capitoli.
Nel capitolo 1 vengono dati alcuni concetti relativi agli insiemi, insistendo soprattutto sugli insiemi di numeri reali.

Nel capitolo 2 vengono esaminati quei concetti relativi alle funzioni reali di una variabile reale che discendono direttamente dal concetto stesso di funzione.

Nei capitoli 3 e 4 vengono trattate rispettivamente le funzioni goniometriche e le funzioni esponenziali, logaritmiche ed iperboliche.

Alla fine di ogni capitolo vi sono degli esercizi proposti, alcuni dei quali sono risolti per dare allo Studente un modello di risoluzione; di quelli non risolti, vengono date le soluzioni. È importante che lo Studente provi a risolverli, perché gli esercizi sono stati scelti in modo da costituire un *test di autovalutazione* della comprensione dei concetti trattati.

A chi non sa "da che parte iniziare", consigliamo di rileggere con maggiore attenzione la teoria contenuta nel capitolo corrispondente.

Ringrazio il professor Andrea Cittadini Bellini per aver curato la grafica del libro e l'ingegner Tomassino Pasqualini per averlo informatizzato.

L'autore

Capitolo 1

Gli insiemi

In questo capitolo daremo dei concetti riguardanti gli insiemi, indispensabili nei capitoli successivi per introdurre il concetto di funzione ed illustrarne alcune proprietà. Alcuni concetti che esporremo sono noti allo Studente dalle scuole superiori, altri sono invece nuovi.

1.1 Concetto d'insieme

Ricordiamo dalle scuole superiori che:

1) il concetto d'insieme viene assunto come primitivo (cioè come intuitivo) e quindi non viene definito;

2) un insieme non vuoto (cioè avente almeno un elemento) viene denotato generalmente con una lettera maiuscola dell'alfabeto italiano: A, B, C,..., mentre i suoi elementi, con le lettere minuscole dello stesso alfabeto;

3) l'insieme vuoto (cioè privo di elementi) viene infine denotato con il simbolo $\emptyset$;

4) per esprimere che un elemento a appartiene ad un insieme A, si usa scrivere $a \in A$, mentre nel caso contrario, $a \notin A$; i due simboli $\in$ e $\notin$ si leggono rispettivamente "appartiene" e "non appartiene" [1];

5) si dice che due insiemi A e B sono *uguali* se sono costituiti dagli stessi elementi. In simboli ciò si esprime scrivendo: $A = B$;

6) un insieme *non vuoto*, qualunque sia la natura dei suoi elementi, si suol rappresentare (intuitivamente) con la regione di piano "interna" ad una linea chiusa:

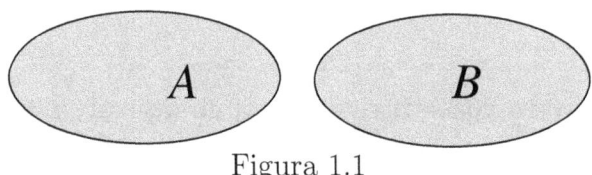

Figura 1.1

Tale rappresentazione è nota come *diagramma di Venn* dell'insieme. Di essa faremo un largo uso nel seguito.

Diamo intanto la definizione di *sottoinsieme* di un insieme assegnato.

1.2 Definizione di sottoinsieme di un insieme dato

Dati due insiemi A e B si dice che A è sottoinsieme di B se ogni elemento di A è anche elemento di B.

Se A è sottoinsieme di B due situazioni sono possibili:

– a B non appartengono altri elementi oltre quelli di A.

---

[1] In matematica, quando si vuol esprimere il significato opposto a quello che ha un determinato simbolo, si sovrappone al simbolo stesso la linea /.
Abbiamo così: = (uguale) e $\neq$ (disuguale), $\in$ (appartiene) e $\notin$ (non appartiene), ecc.

§ 1.3 Proprietà definita in un insieme

— a B appartengono altri elementi oltre quelli di A.

Se si verifica la prima situazione, i due insiemi A e B sono uguali; si scrive allora $A = B$ e si dice che "A è uguale a B" o anche che "A coincide con B".

Se si verifica la seconda situazione, i due insiemi A e B non sono uguali; si scrive $A \subset B$ e si dice "A è contenuto in B" o anche che "A è incluso in B".

In generale: tutte le volte che sappiamo che un insieme A è sottoinsieme di un insieme B senza conoscere se si verifica la prima o la seconda situazione, scriveremo $A \subseteq B$ e leggeremo "A è contenuto o coincidente con B".

Un concetto collegato con quello di sottoinsieme è il concetto di *proprietà definita in un insieme*.

1.3 Proprietà definita in un insieme

Definizione di proprietà di un insieme
Dato un insieme $S \neq \emptyset$ e detto x il generico elemento di S, si dice che una proprietà P è definita in S se di ogni elemento $x \in S$ si sa se ne gode o no.

Per esprimere che un particolare elemento $x^* \in S$ ne gode, si usa dire che "P è *vera per* x^*"; per esprimere, invece, che non ne gode, si dice che "P è *falsa per* x^*".

Dalla definizione data segue che:

1) assegnato un insieme $S \neq \emptyset$ ed una proprietà P in esso definita, l'insieme S resta ripartito in due sottoinsiemi: uno S_v per i cui elementi P è *vera* e l'altro S_f per i cui elementi P è *falsa*.

L'insieme S_v prende il nome di "*sottoinsieme di S determinato da P*" e la proprietà P si suole anche chiamare "*proprietà caratteristica di S_v*".

Dato un insieme $S \neq \emptyset$ ed una proprietà P in esso definita, interessa spesso precisare se sussiste una delle due situazioni seguenti:

Figura 1.2

- P è vera per *tutti* gli elementi $x \in S$, cioè $S_v = S$.
- P è vera per *almeno* un elemento $x^* \in S$, cioè $S_v \neq \emptyset$.

Queste due situazioni si esprimono con maggiore concisione utilizzando i simboli:

$\forall$ che si legge "qualunque sia" e si chiama "quantificatore universale".

$\exists$ che si legge "esiste almeno uno" e si chiama "quantificatore esistenziale".

$\Rightarrow$ che si legge "segue" oppure "implica".

: che si legge "tale che".

Possiamo infatti scrivere nei due casi:

$$\forall x \in S \Rightarrow P \quad \text{è vera}$$
$$\exists x^* \in S : P \quad \text{è vera}$$

Se in un insieme $S \neq \emptyset$ sono definite due proprietà P_1 e P_2 e il sottoinsieme determinato da P_1 coincide con quello determinato da P_2, si dice che le due proprietà P_1 e P_2 sono "equivalenti tra di loro".

Nel seguito faremo un largo uso delle proprietà equivalenti; diamo intanto un esempio.

Esempio 1.1 *Sia S l'insieme di tutti i triangoli. La proprietà P_1 consista "nell'avere due lati uguali" e la proprietà P_2 "nell'avere due angoli uguali". Poiché se un triangolo ha due lati uguali ha anche due angoli uguali e viceversa, possiamo concludere che l'insieme determinato da P_1 coincide con quello determinato da P_2 e pertanto P_1 e P_2 sono due proprietà equivalenti tra loro.*

- a B appartengono altri elementi oltre quelli di A.

Se si verifica la prima situazione, i due insiemi A e B sono uguali; si scrive allora $A = B$ e si dice che "A è uguale a B" o anche che "A coincide con B".

Se si verifica la seconda situazione, i due insiemi A e B non sono uguali; si scrive $A \subset B$ e si dice "A è contenuto in B" o anche che "A è incluso in B".

In generale: tutte le volte che sappiamo che un insieme A è sottoinsieme di un insieme B senza conoscere se si verifica la prima o la seconda situazione, scriveremo $A \subseteq B$ e leggeremo "A è contenuto o coincidente con B".

Un concetto collegato con quello di sottoinsieme è il concetto di *proprietà definita in un insieme*.

1.3 Proprietà definita in un insieme

Definizione di proprietà di un insieme
Dato un insieme $S \neq \emptyset$ e detto x il generico elemento di S, si dice che una proprietà P è definita in S se di ogni elemento $x \in S$ si sa se ne gode o no.

Per esprimere che un particolare elemento $x^* \in S$ ne gode, si usa dire che "P è *vera per* x^*"; per esprimere, invece, che non ne gode, si dice che "P è *falsa per* x^*".

Dalla definizione data segue che:

1) assegnato un insieme $S \neq \emptyset$ ed una proprietà P in esso definita, l'insieme S resta ripartito in due sottoinsiemi: uno S_v per i cui elementi P è *vera* e l'altro S_f per i cui elementi P è *falsa*.

L'insieme S_v prende il nome di *"sottoinsieme di S determinato da P"* e la proprietà P si suole anche chiamare *"proprietà caratteristica di S_v"*.

Dato un insieme $S \neq \emptyset$ ed una proprietà P in esso definita, interessa spesso precisare se sussiste una delle due situazioni seguenti:

Figura 1.2

- P è *vera* per *tutti* gli elementi $x \in S$, cioè $S_v = S$.
- P è *vera* per *almeno* un elemento $x^* \in S$, cioè $S_v \neq \emptyset$.

Queste due situazioni si esprimono con maggiore concisione utilizzando i simboli:

$\forall$ che si legge "qualunque sia" e si chiama "quantificatore universale".

$\exists$ che si legge "esiste almeno uno" e si chiama "quantificatore esistenziale".

$\Rightarrow$ che si legge "segue" oppure "implica".

: che si legge "tale che".

Possiamo infatti scrivere nei due casi:

$$\forall x \in S \Rightarrow P \quad \text{è vera}$$
$$\exists x^* \in S : P \quad \text{è vera}$$

Se in un insieme $S \neq \emptyset$ sono definite due proprietà P_1 e P_2 e il sottoinsieme determinato da P_1 coincide con quello determinato da P_2, si dice che le due proprietà P_1 e P_2 sono "equivalenti tra di loro".

Nel seguito faremo un largo uso delle proprietà equivalenti; diamo intanto un esempio.

Esempio 1.1 *Sia S l'insieme di tutti i triangoli. La proprietà P_1 consista "nell'avere due lati uguali" e la proprietà P_2 "nell'avere due angoli uguali". Poiché se un triangolo ha due lati uguali ha anche due angoli uguali e viceversa, possiamo concludere che l'insieme determinato da P_1 coincide con quello determinato da P_2 e pertanto P_1 e P_2 sono due proprietà equivalenti tra loro.*

Il concetto di proprietà definita in un insieme è utile per risolvere il problema di come assegnare un insieme.

1.4 Come assegnare un insieme

Un insieme A può essere assegnato in due modi:

- elencando gli elementi che lo costituiscono

- definendolo come sottoinsieme di un insieme $S \neq \emptyset$ determinato da una certa proprietà P definita in S.

Nel primo caso si dice che l'insieme A è dato *per estensione*, nel secondo caso che è dato *per comprensione*.

Quando un insieme A è dato *per estensione*, si elencano tutti gli elementi che lo costituiscono entro le parentesi graffe.
Esempi di insiemi dati *per estensione* sono:

$$A_1 = \{1, 2, 3, 4, 5\}, \quad A_2 = \{1, 2, 3\}, \quad A_3 = \{1\}.$$

Gli elementi di A_1 sono i primi cinque numeri naturali, quelli di A_2 i primi tre ed infine A_3 è costituito da un solo elemento: il numero 1.

Quando invece un insieme è dato *per comprensione*, si scrive:

$$A = \{x \in S : P\}.$$

Un esempio di insieme dato *per comprensione* è:

$$A = \{x \in \mathbb{N} \text{ (insieme di numeri naturali)} : 1 \leq x \leq 10\}.$$

In questo caso: l'insieme S concide con l'insieme $\mathbb{N}$ dei numeri naturali e la proprietà P consiste "nell'essere maggiore o uguale ad uno e minore o uguale a dieci".
Questo stesso insieme A, dato per estensione, è scritto così:

$$A = \{1, 2, 3, 4, 5, 6, 7, 8, 9, 10\}.$$

Nel seguito incontreremo quasi sempre insiemi dati *per comprensione*.

Passiamo ora a parlare degli insiemi che ci riguardano più da vicino: gli *insiemi numerici*.

1.5 Insiemi numerici e relazioni tra essi

Gli insiemi numerici finora incontrati nel corso degli studi sono:

l'insieme dei *numeri naturali* che si denota con $\mathbb{N}$

l'insieme dei *numeri interi relativi* che si denota con $\mathbb{Z}$

l'insieme dei *numeri razionali relativi* che si denota con $\mathbb{Q}$

l'insieme dei *numeri reali relativi* che si denota con $\mathbb{R}$.

Le relazioni che intercorrono tra tali insiemi sono:

$$\mathbb{N} \subset \mathbb{Z} \subset \mathbb{Q} \subset \mathbb{R}$$

che, con i diagrammi di Venn, possono essere illustrate così:

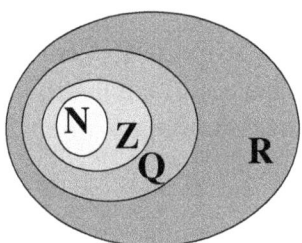

Figura 1.3

1.6 Rappresentazione (geometrica) cartesiana di $\mathbb{R}$

L'insieme $\mathbb{R}$, oltre che con i diagrammi di Venn, come ogni insieme non vuoto, può essere rappresentato geometricamente con i punti di una retta cartesiana, cioè con i punti della retta della "geometria elementare" su cui sia stato fissato un sistema di coordinate cartesiane.

§ 1.7 Valore assoluto di un numero e sue proprietà

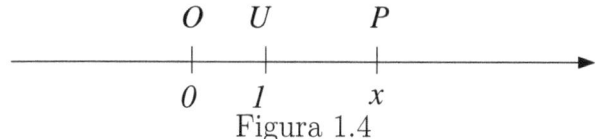
Figura 1.4

Ricordiamo infatti che è possibile associare ad *ogni punto* P della retta cartesiana *un numero* $x \in \mathbb{R}$ (ascissa) che esprime la misura con segno del segmento OP, effettuata prendendo come "metro" il segmento OU e viceversa.

Non è difficile immaginare che delle *due rappresentazioni geometriche* di $\mathbb{R}$, *quella di Venn* e *quella cartesiana*, quest'ultima è la più importante perché non è solo qualitativa come la prima.

Diamo intanto una definizione riguardante i numeri reali.

1.7 Valore assoluto di un numero e sue proprietà

Una definizione, riguardante i numeri reali, della quale si fa un largo uso in matematica è quella di *valore assoluto di un numero*.
Diamola!

> **Dato un numero $x \in \mathbb{R}$, si chiama *valore assoluto* di x e si denota con il simbolo $|x|$, il numero x stesso se è $x \geq 0$, l'opposto di x, cioè $-x$, se è $x < 0$. In simboli:**
>
> $$|x| = \begin{cases} x & \text{se } x \geq 0 \\ -x & \text{se } x < 0 \end{cases}$$

Per prendere mano con la definizione data, poniamoci i seguenti problemi:

1) Che relazione esiste tra i valori assoluti di due numeri opposti x e $-x$?

2) Che relazione esiste tra i numeri x, $|x|$ e $-|x|$?

3) Dato un numero $a > 0$ e costruito l'insieme $A = \{x \in \mathbb{R} : |x| \leq a\}$, è possibile trovare una proprietà (definita in $\mathbb{R}$) equivalente a $|x| \leq a$ nella quale non compaia il simbolo di valore assoluto?

4) Dati due numeri reali x e y, che relazione esiste tra i numeri $|x|$, $|y|$ e $|x+y|$?

Cerchiamo di risolvere questi problemi nell'ordine in cui ce li siamo posti.

1) Se è $x = 0$ allora è $x = -x$ e quindi, passando ai valori assoluti, si ha $|x| = |-x|$.

   Se è $x > 0$ allora è $-x < 0$ e quindi, passando ai valori assoluti, si ha: $|x| = x$, $|-x| = -(-x) = x$ per cui $|x| = |-x|$.

   Se è $x < 0$ allora è $-x > 0$ e quindi, passando anche qui ai valori assoluti di x e di $-x$, si ha: $|x| = -x$, $|-x| = -x$ per cui $|x| = |-x|$.

   Conclusione: numeri opposti hanno lo stesso valore assoluto.
   In simboli:
   $$\forall x \in \mathbb{R} \Rightarrow |x| = |-x|. \tag{1.1}$$

2) Se è $x = 0$, è immediato rendersi conto che $-|x| = x = |x|$.
   Se è $x > 0$ allora: $-|x| < x = |x|$.
   Se è $x < 0$ allora: $-|x| = x < |x|$.

   Conclusione: tra i numeri x, $|x|$ e $-|x|$ vale la relazione:
   $$-|x| \leq x \leq |x|. \tag{1.2}$$

3) Da $|x| \leq a$ segue che $-|x| \geq -a$ e quindi per la (1.2) abbiamo:
   $$x \leq |x| \leq a \quad \text{e} \quad x \geq -|x| \geq -a$$
   da cui segue: $-a \leq x \leq a$; pertanto:
   $$|x| \leq a \Rightarrow -a \leq x \leq a.$$

   Per poter però affermare di aver trovato una proprietà equivalente alla data, manca ancora da provare che:
   $$-a \leq x \leq a \Rightarrow |x| \leq a.$$

§ 1.8 Parte intera di un numero

Se è $x \geq 0$ allora risulta $x = |x|$ ed, essendo $x \leq a$, si ha che è anche $|x| \leq a$.
Se è invece $x < 0$ allora risulta $x = -|x|$ ed, essendo $x \geq -a$, si ha che è anche $-|x| \geq -a$ da cui segue $|x| \leq a$.

Conclusione: le due proprietà $|x| \leq a$ e $-a \leq x \leq a$ sono tra loro equivalenti; pertanto abbiamo risolto il problema che ci siamo proposti e quindi possiamo scrivere:

$$A = \{x \in \mathbb{R} : |x| \leq a\} = \{x \in \mathbb{R} : -a \leq x \leq a\} . \qquad (1.3)$$

4) Applicando la (1.2) ai numeri x e y si ha:

$$-|x| \leq x \leq |x| , \quad -|y| \leq y \leq |y| .$$

Sommando membro e membro si ha:

$$-(|x| + |y|) \leq x + y \leq |x| + |y|$$

da cui, per quanto abbiamo concluso nella risoluzione del problema 3), segue:

$$|x + y| \leq |x| + |y| . \qquad (1.4)$$

Oltre alle proprietà che abbiamo dimostrato, il valore assoluto ne possiede altre che, con sua grande soddisfazione, lo Studente scoprirà da solo facendo esercizi.

Auguri allora!

Diamo ora un'altra definizione riguardante i numeri reali.

1.8 Parte intera di un numero

Definizione di parte intera di un numero
Dato un numero $x \in \mathbb{R}$, si chiama *parte intera* di x e si denota con il simbolo $[x]$, il numero x stesso se x è intero, il numero intero che lo precede immediatamente se x non è intero. In simboli:

$$[x] = \begin{cases} x & \text{se } x \in \mathbb{Z} \\ \text{il numero che lo precede immediatamente} & \text{se } x \notin \mathbb{Z} \end{cases}$$

Illustriamo la definizione data con qualche esempio:
$$[+3] = +3\,, \quad [-3] = -3\,, \quad [+3,14] = +3\,, \quad [-3,14] = -4\,.$$

È facile convincersi come, dalla definizione di parte intera di un numero, segue che:
$$\forall\, x \in \mathbb{R} \Rightarrow [x] \le x < [x] + 1\,.$$

Anche qui, come nel caso del valore assoluto, ci chiediamo:

Che relazione esiste tra le parti intere di due numeri opposti x e $-x$?

Gli esempi dati e la rappresentazione cartesiana di $\mathbb{R}$ ci suggeriscono la risposta.

$$\begin{aligned}&\text{Se è } x \in \mathbb{Z} \quad \text{allora } [-x] = -[x]\,.\\ &\text{Se è } x \notin \mathbb{Z} \quad \text{allora } [-x] = -([x] + 1)\,.\end{aligned} \qquad (1.5)$$

Passiamo ora a definire alcuni sottoinsiemi di $\mathbb{R}$: gli *intervalli*.

1.9 Alcuni sottoinsiemi di $\mathbb{R}$: gli intervalli

Oltre a $\mathbb{N}$, $\mathbb{Z}$, $\mathbb{Q}$ segnaliamo altri sottoinsiemi di $\mathbb{R}$: gli intervalli.

Definiamoli!

Dati due numeri reali a e b, con $a < b$, gli insiemi (definiti *per comprensione*)

$$\{x \in \mathbb{R} : a \le x \le b\}$$
$$\{x \in \mathbb{R} : a < x < b\}$$
$$\{x \in \mathbb{R} : a \le x < b\}$$
$$\{x \in \mathbb{R} : a < x \le b\}$$

prendono rispettivamente i nomi di:

intervallo limitato e chiuso di estremi a e b

intervallo limitato e aperto di estremi a e b

§ 1.9 Alcuni sottoinsiemi di $\mathbb{R}$: gli intervalli

intervallo limitato chiuso a sinistra e aperto a destra di estremi a e b

intervallo limitato aperto a sinistra e chiuso a destra di estremi a e b

e vengono (rispettivamente) denotati con

$$[a,b]\,, \quad (a,b)\,, \quad [a,b)\,, \quad (a,b]\,.$$

Dato un numero reale a, gli insiemi (definiti *per comprensione*)

$$\{x \in \mathbb{R} : x \geq a\}$$
$$\{x \in \mathbb{R} : x > a\}$$
$$\{x \in \mathbb{R} : x \leq a\}$$
$$\{x \in \mathbb{R} : x < a\}$$

prendono rispettivamente il nome di:

intervallo limitato e chiuso a sinistra, illimitato a destra

intervallo limitato e aperto a sinistra, illimitato a destra

intervallo illimitato a sinistra, limitato e chiuso a destra

intervallo illimitato a sinistra, limitato e aperto a destra

e vengono (rispettivamente) denotati con:

$$[a,+\infty)\,, \quad (a,+\infty)\,, \quad (-\infty,a]\,, \quad (-\infty,a)\,.$$

I simboli "$-\infty$" e "$+\infty$" si leggono rispettivamente "meno infinito" e "più infinito".

La rappresentazione geometrica cartesiana degli intervalli è costituita rispettivamente da segmenti con o senza gli estremi e da semirette con o senza il punto origine:

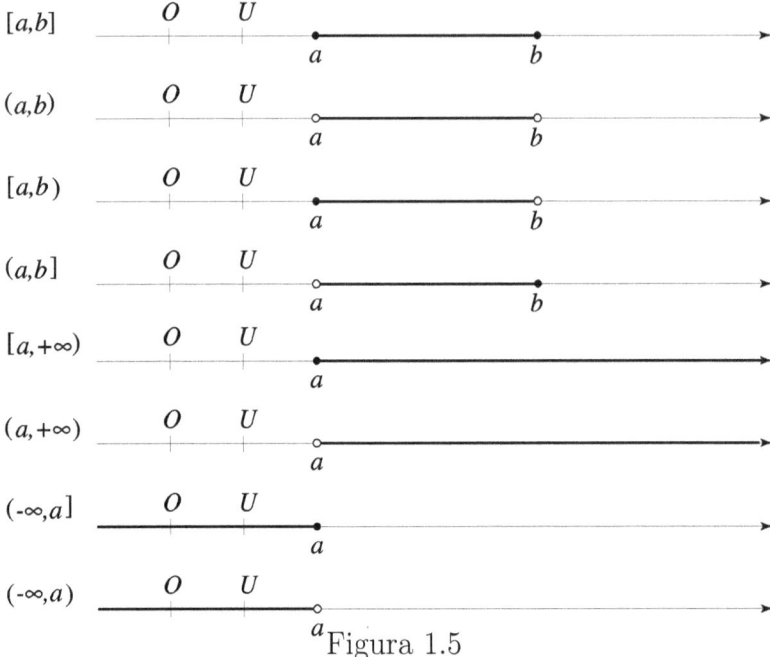

Figura 1.5

1.10 Insieme unione, intersezione e differenza di due insiemi

Siano dati un insieme non vuoto S e due sottoinsiemi A e B di esso. Elenchiamo qui tre proprietà P_1, P_2, P_3, definite in S, le quali determinano tre sottoinsiemi di S che prendono rispettivamente il nome di *insieme unione, insieme intersezione* ed *insieme differenza* degli insiemi A e B assegnati.

La proprietà P_1 consiste "nell'appartenere o ad A o a B". [2]

Definizione di insieme unione
Il sottoinsieme di S, da essa determinato, si denota

---

[2] Poiché la "o" è usata in senso alternativo (latino "vel") e non disgiunto (latino "aut"), possiamo anche dire così: la proprietà P_1 consiste "nell'appartenere ad almeno uno dei due insiemi A e B assegnati".

§ 1.10 Insieme unione, intersezione e differenza di due insiemi

con $A \cup B$ e si chiama *insieme unione* di A con B. In simboli:

$$A \cup B = \{\, x \in S : \underline{o}\ x \in A\ \underline{o}\ x \in B \,\} \qquad (1.6)$$

Conseguenza della definizione di $A \cup B$ sono:

1) $A \cup B = B \cup A$

2) se $A \subseteq B \Rightarrow A \cup B = B$ e viceversa

3) se $B \subseteq A \Rightarrow A \cup B = A$ e viceversa

Illustriamo quanto detto con i diagrammi di Venn:

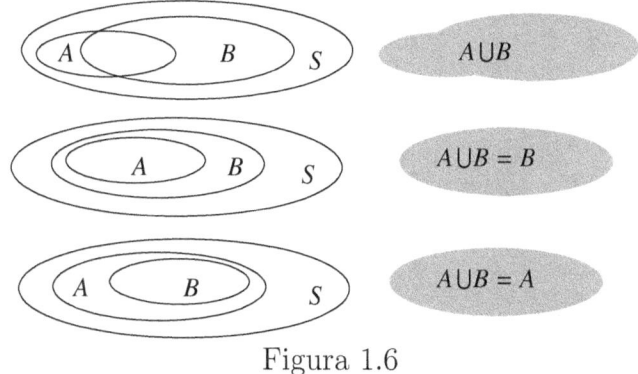

Figura 1.6

La proprietà P_2 consiste "nell'appartenere sia ad A che a B".

Definizione di intersezione
Il sottoinsieme di S, da essa determinato, si denota con $A \cap B$ e si chiama *insieme intersezione* di A con B. In simboli:

$$A \cap B = \{\, x \in S : x \in A\ \underline{e}\ x \in B \,\} \qquad (1.7)$$

Conseguenze della definizione di $A \cap B$ sono:

1) $A \cap B = B \cap A$

2) se $A \subseteq B \Rightarrow A \cap B = A$ e viceversa

3) se $B \subseteq A \Rightarrow A \cap B = B$ e viceversa

4) se A e B non hanno alcun elemento in comune allora $A \cap B = \emptyset$ e viceversa.

In questo caso si dice che gli insiemi A e B sono *insiemi disgiunti*.

Illustriamo quanto detto con i diagrammi di Venn:

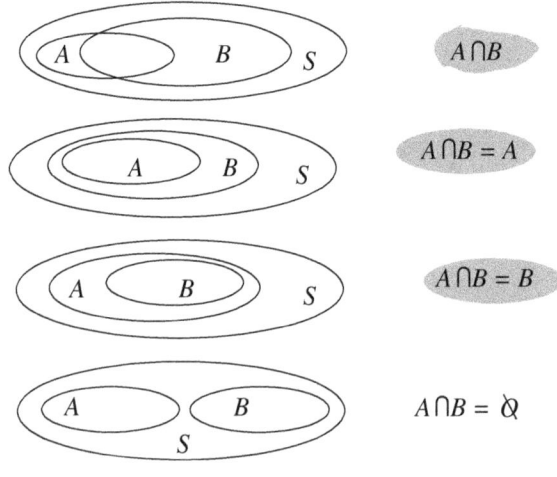

Figura 1.7

La proprietà P_3 consiste "nell'appartenere ad A ma non a B".

Definizione di insieme differenza
**Il sottoinsieme di S, da essa determinato, si denota con $A - B$ e si chiama *insieme differenza* tra A e B.
In simboli:**

$$A - B = \{\, x \in S : x \in A \text{ e } x \notin B \,\} \qquad (1.8)$$

Conseguenze della definizione di $A - B$ sono:

§ 1.11 Insieme unione ed intersezione di un numero qualsiasi di insiemi15

1) se $A = B \Rightarrow A - B = A - A = \emptyset$

2) se $A \neq B \Rightarrow A - B \neq B - A$ e viceversa

3) se $A \subseteq B \Rightarrow A - B = \emptyset$ e viceversa

4) se $A \cap B = \emptyset \Rightarrow A - B = A$ e viceversa

Illustriamo quanto detto con i diagrammi di Venn:

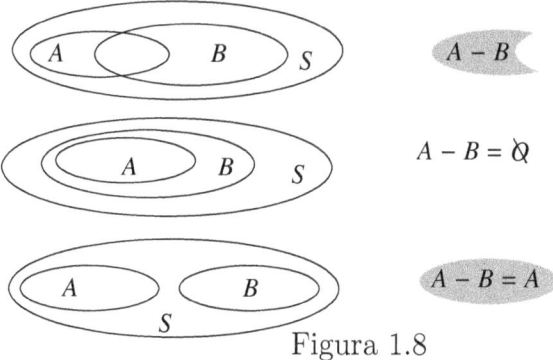

Figura 1.8

Passiamo ora a definire l'*insieme unione* e l'*insieme intersezione* di un numero n qualsiasi di sottoinsiemi di S.

1.11 Insieme unione ed intersezione di un numero qualsiasi di insiemi

Siano dati un insieme non vuoto di S e n (con $n \geq 2$) sottoinsiemi $A_1, A_2, \ldots, A_n$ di esso.
Elenchiamo qui due proprietà P_1^* e P_2^*, definite in S, le quali determinano due sottoinsiemi di S che prendono rispettivamente il nome di *insieme unione* e di *insieme intersezione* degli insiemi $A_1, A_2, \ldots, A_n$ assegnati.
La proprietà di P_1^* consiste " nell'appartenere ad almeno uno degli n insiemi $A_1, A_2, \ldots, A_n$ assegnati ".

Il sottoinsieme di S, da essa determinato, si denota con $A_1 \cup A_2 \cup \ldots \cup A_n$ e si chiama *insieme unione* di A_1 con $A_2 \ldots$ con A_n.

La proprietà di P_2^* consiste " nell'appartenere sia ad A_1, sia ad A_2, ..., sia ad A_n ".

Il sottoinsieme di S, da essa determinato, si denota con $A_1 \cap A_2 \cap \ldots \cap A_n$ e si chiama *insieme intersezione* di A_1 con $A_2 \ldots$ con A_n.

È facile convincersi che le proprietà P_1^* e P_2^* non sono altro che la generalizzazione delle proprietà P_1 e P_2 date nel paragrafo precedente. Per $n = 2$ le P_1^* e P_2^* diventano infatti le P_1 e P_2.

Illustriamo quanto detto con esempi.

Esempio 1.2 *Sia S un piano ed $A_1, A_2, \ldots, A_n$ n cerchi di tale piano aventi tutti per centro un medesimo punto C e raggio rispettivamente uguale ad $1, 1/2, 1/3, \ldots, 1/n$.*

In simboli:

$$\begin{aligned} A_1 &= \{P \in S : \overline{CP} \leq 1\} \\ A_2 &= \{P \in S : \overline{CP} \leq 1/2\} \\ A_3 &= \{P \in S : \overline{CP} \leq 1/3\} \\ &\ldots \\ A_n &= \{P \in S : \overline{CP} \leq 1/n\} \end{aligned}$$

(Il simbolo $\overline{CP}$ denota la distanza che un qualunque punto $P \in S$ ha dal punto C).
Poiché è $A_1 \supset A_2 \supset A_3 \supset \ldots \supset A_n$ si ha:

$$\begin{aligned} A_1 \cup A_2 \cup A_3 \cup \ldots \cup A_n &= A_1 \\ A_1 \cap A_2 \cap A_3 \cap \ldots \cap A_n &= A_n \end{aligned}$$

§ *1.12 Come esprimere l'insieme delle soluzioni*

Esempio 1.3 *Siano $S = (0, 1]$ ed $A_1, A_2, \ldots, A_n$ gli intervalli:*

$$\begin{aligned} A_1 &= (0,1] = S \\ A_2 &= (1/2, 1] \\ A_3 &= (2/3, 1] \\ \ldots & \quad \ldots\ldots\ldots\ldots \\ A_n &= (1 - 1/n, 1] \end{aligned}$$

Anche in questo caso si ha $A_1 \supset A_2 \supset \ldots \supset A_n$ e pertanto:

$$\begin{aligned} A_1 \cup A_2 \cup A_3 \cup \ldots \cup A_n &= A_1 \\ A_1 \cap A_2 \cap A_3 \cap \ldots \cap A_n &= A_n \end{aligned}$$

A questo punto è naturale chiedersi: a che serve aver introdotto gli intervalli, l'insieme unione, intersezione, ecc...?
Andiamo a vedere!

1.12 Come esprimere l'insieme delle soluzioni di equazioni e disequazioni

Gli intervalli e gli insiemi unione, intersezione e differenza sono molto utili nella risoluzione di equazioni e disequazioni.
Chiariamo la questione con due esempi:

Esempio 1.4 *Supponiamo si voglia risolvere l'equazione*

$$|2x + 1| + |1 - 3x| = 2 \tag{1.9}$$

Qui, per poter isolare l'incognita x, occorre togliere innanzitutto i simboli di valore assoluto che compaiono nel primo membro dell'equazione.
Per togliere detti simboli infine, dobbiamo ricorrere alla definizione di valore assoluto data nel paragrafo 1.7 .

Poiché

$$|2x+1| = \begin{cases} 2x+1 & \text{se è } 2x+1 \geq 0 \\ -(2x+1) & \text{se è } 2x+1 < 0 \end{cases}$$

e

$$|1-3x| = \begin{cases} 1-3x & \text{se è } 1-3x \geq 0 \\ -(1-3x) & \text{se è} 1-3x < 0 \end{cases}$$

all'equazione (1.9) restano associati i quattro sistemi:

$$\begin{cases} 2x+1 \geq 0 \\ 1-3x \geq 0 \\ (2x+1)+(1-3x) = 2 \end{cases} \quad (1.10)$$

$$\begin{cases} 2x+1 < 0 \\ 1-3x < 0 \\ -(2x+1)-(1-3x) = 2 \end{cases} \quad (1.11)$$

$$\begin{cases} 2x+1 \geq 0 \\ 1-3x < 0 \\ (2x+1)-(1-3x) = 2 \end{cases} \quad (1.12)$$

$$\begin{cases} 2x+1 < 0 \\ 1-3x \geq 0 \\ -(2x+1)+(1-3x) = 2 \end{cases} \quad (1.13)$$

e l'insieme A delle soluzioni dell'equazione, è l'insieme unione degli insiemi A_1, A_2, A_3 e A_4 delle soluzioni di essi:

$$A = A_1 \cup A_2 \cup A_3 \cup A_4$$

Cominciamo con il trovare A_1, insieme delle soluzioni del sistema (1.10). Detti rispettivamente B_1, B_2 e B_3 gli insiemi delle soluzioni delle due disequazioni e dell'equazione che costituiscono detto sistema, si ha:

$$A_1 = B_1 \cap B_2 \cap B_3$$

§ 1.12 Come esprimere l'insieme delle soluzioni

Passiamo ai calcoli!

$$\begin{aligned}
B_1 &= \{x \in \mathbb{R} : 2x+1 \geq 0\} = [-1/2, +\infty) \\
B_2 &= \{x \in \mathbb{R} : 1-3x \geq 0\} = (-\infty, 1/3] \\
B_3 &= \{x \in \mathbb{R} : (2x+1) + (1-3x) = 2\} = \{x \in \mathbb{R} : 2x+1+1-3x = 2\} \\
&= \{x \in \mathbb{R} : x = 0\} = \{0\}
\end{aligned}$$

e quindi:

$$A_1 = [-1/2, +\infty) \cap (-\infty, 1/3] \cap \{0\} = \{0\}$$

In modo del tutto analogo si trovano gli insiemi A_2, A_3, A_4 per cui non riportiamo qui i calcoli ma ci limitiamo a dare i risultati. Si ha:

$$A_2 = \emptyset \,,\, A_3 = \{2/5\} \,,\, A_4 = \emptyset$$

e quindi l'insieme A delle soluzioni dell'equazione è:

$$A = \{0\} \cup \emptyset \cup \{2/5\} \cup \emptyset = \{0, 2/5\}$$

Esempio 1.5 *Supponiamo si voglia risolvere la disequazione*

$$\frac{x-3}{x+1} > 0 \tag{1.14}$$

È facile convincersi come l'insieme A delle soluzioni della (1.14) sia l'insieme unione degli insiemi delle soluzioni dei due sistemi:

$$\begin{cases} x-3 < 0 \\ x+1 < 0 \end{cases} \tag{1.15}$$

$$\begin{cases} x-3 > 0 \\ x+1 > 0 \end{cases} \tag{1.16}$$

Detti rispettivamente A_1 e A_2 gli insiemi delle soluzioni della prima e della seconda disequazione del sistema (1.15), l'insieme delle soluzioni di detto sistema è $A_1 \cap A_2$.
Analogamente detti A_3 e A_4 gli insiemi delle soluzioni della prima e della

seconda disequazione del sistema (1.16), l'insieme delle soluzioni di detto sistema è $A_3 \cap A_4$.
L'insieme A cercato è quindi:

$$A = (A_1 \cap A_2) \cup (A_3 \cap A_4)$$

Passiamo ai calcoli!

$$\begin{aligned}
A_1 &= \{x \in \mathbb{R} : x - 3 < 0\} &&= \{x \in \mathbb{R} : x < 3\} = (-\infty, 3) \\
A_2 &= \{x \in \mathbb{R} : x + 1 < 0\} &&= \{x \in \mathbb{R} : x < -1\} = (-\infty, -1) \\
A_1 \cap A_2 &&&= (-\infty, -1) \\
A_3 &= \{x \in \mathbb{R} : x - 3 > 0\} &&= \{x \in \mathbb{R} : x > 3\} = (3, +\infty) \\
A_4 &= \{x \in \mathbb{R} : x + 1 > 0\} &&= \{x \in \mathbb{R} : x > -1\} = (-1, +\infty) \\
A_3 \cap A_4 &&&= (3, +\infty) \\
A = (A_1 \cap A_2) \cup (A_3 \cap A_4) &&&= (-\infty, -1) \cup (3, +\infty)
\end{aligned}$$

Per impadronirsi del simbolismo introdotto, consigliamo allo Studente di leggere con attenzione gli esercizi sulle equazioni, disequazioni e sistemi di disequazioni che troverà risolti alla fine di questo capitolo e di risolvere poi, seguendo questo stesso ordine di idee, gli esercizi che ivi troverà proposti.

Diamo intanto alcune definizioni pensando esclusivamente agli insiemi numerici.

1.13 Insiemi finiti ed infiniti, minimo e massimo di un insieme; insiemi limitati e illimitati

Una prima classificazione che si usa fare per gli insiemi consiste nel suddividerli in *insiemi finiti* ed *insiemi infiniti*.
Precisamente:

Definizione di insieme finito
Un insieme si dice *finito* se si possono contare i suoi

§ 1.13 Insiemi finiti ed infiniti, minimo e massimo

elementi, cioè se l'operazione del contare ha termine; in caso contrario, l'insieme è infinito.

Esempi d'insiemi finiti sono:

$$A = \{1, 2, 3\}, \ A = \{a, b, c, d\}, \ A = \{x \in \mathbb{N} : 1 \leq x \leq 10\}$$

Esempi d'insiemi infiniti sono invece:

$$\mathbb{N}, \ \mathbb{Z}, \ \mathbb{Q}, \ \mathbb{R}, \ [0,1], \ (0,+\infty), \ (5,23].$$

Prima di dare un'altra classificazione degli insiemi introduciamo due concetti: quello di *minimo* e quello di *massimo* di un insieme. Abbiamo le seguenti definizioni:

Si dice che un elemento $m \in A$ è *minimo* di A se ogni altro elemento di A è maggiore di esso. In simboli:

$$\forall \, x \in A \Rightarrow m \leq x$$

Si dice che un elemento $M \in A$ è *massimo* di A se ogni altro elemento di A è minore di esso. In simboli:

$$\forall \, x \in A \Rightarrow x \leq M$$

È facile convincersi che, se un insieme A è finito, sicuramente ha minimo e massimo mentre, se è infinito, può averli oppure no.
Dei tre insiemi infiniti infatti:

$$[0,1], \ (0,1) \ \text{e} \ [0,1)$$

il primo ha minimo e massimo: $m = 0$ e $M = 1$; il secondo non ha né minimo né massimo; il terzo ha minimo ma non ha massimo: $m = 0$.

La seconda classificazione degli insiemi, che abbiamo preannunciato, consiste nel suddividere quest'ultimi in: *insiemi limitati* ed *insiemi illimitati*.
Cominciamo con alcune definizioni:

Si dice che un insieme $A \neq \emptyset$ di numeri reali è *limitato inferiormente* se esiste un numero reale i minore di ogni numero $x \in A$.

Un numero i siffatto, se esiste, si chiama *minorante di A*; se invece non esiste, si dice che l'insieme A è *illimitato inferiormente*.
Sono esempi di insiemi limitati inferiormente, gli insiemi A dotati di minimo m. Ogni numero $i < m$ è infatti un minorante di A.

Si dice che un insieme $A \neq \emptyset$ di numeri reali è *limitato superiormente* se esiste un numero reale s maggiore di ogni numero $x \in A$.

Un numero s siffatto, se esiste, si chiama *maggiorante di A*; se invece non esiste, si dice che l'insieme A è *illimitato superiormente*.
Sono esempi di insiemi limitati superiormente, gli insiemi A dotati di massimo M. Ogni numero $s > M$ è infatti un maggiorante di A.

Si dice che un insieme $A \neq \emptyset$ di numeri reali è *limitato* se esiste sia un minorante che un maggiorante per esso, cioè se è limitato sia inferiormente che superiormente.

Un insieme A che non è limitato si dice *illimitato*.
Le relazioni che esistono tra insiemi finiti, infiniti, limitati ed illimitati sono visibili nel seguente schema di per sé evidente:

$$\text{insieme non vuoto} \begin{cases} \text{finito} \implies \text{limitato} \\ \text{infinito} \implies \begin{cases} \text{limitato} \\ \text{illimitato} \end{cases} \end{cases}$$

Per terminare la nostra esposizione dei concetti riguardanti gli insiemi numerici, abbiamo bisogno di una proprietà dell'insieme $\mathbb{R}$ che passiamo ad enunciare.

1.14 Una proprietà dell'insieme $\mathbb{R}$

Se si ripartiscono tutti i numeri reali in due insiemi non vuoti A e B in modo che ogni numero $a \in A$ sia minore di ogni numero $b \in B$, allora:

- o l'insieme A *ha il massimo* e l'insieme B *non ha il minimo*.

- o l'insieme A *non ha il massimo* e l'insieme B *ha il minimo*.[3]

Il massimo di A o il minimo di B si chiama *elemento di separazione* tra i due insiemi A e B e si dice che i due insiemi costituiscono una *sezione* di $\mathbb{R}$.
È facile immaginare che gli insiemi A e B che costituiscono una sezione di $\mathbb{R}$ sono due intervalli di cui: il primo illimitato a sinistra ed il secondo illimitato a destra. L'uno dei due poi è chiuso dalla parte dove è limitato.

1.15 Estremi di un insieme; i simboli $-\infty$ e $+\infty$

Nel paragrafo 1.9 abbiamo utilizzato i simboli $-\infty$ e $+\infty$ come una "stenografia" nella denotazione degli intervalli illimitati.
Vogliamo ora esaminare quale è stata la circostanza che ne ha suggerito l'introduzione.

Se un insieme non vuoto A è *limitato inferiormente*, è evidente che possiede *infiniti minoranti*; se i è infatti un minorante di A, è tale ogni numero $i' < i$.
Consideriamo l'insieme I di tutti i minoranti di A e l'insieme $\mathbb{R} - I$.[4]
Essi costituiscono una sezione di $\mathbb{R}$ e pertanto ammettono l'elemento

---

[3]Se l'insieme A avesse infatti il massimo: M_A e l'insieme B il minimo: m_B, dalla definizione di A e di B risulterebbe $M_A < m_B$. Il numero $(M_A + m_B)/2$, essendo maggiore di M_A e minore di m_B, non apparterrebbe né ad A né a B; ciò è però impossibile perché abbiamo supposto $A \cup B = \mathbb{R}$.

[4]L'insieme $\mathbb{R} - I$ è costituito da tutti i numeri di A e da tutti gli altri numeri di $\mathbb{R}$, se ce ne sono, che non sono minoranti di A, che sono cioè maggiori di almeno un numero di A.

di separazione che denotiamo con la lettera greca λ (si legge "lambda minuscola") e chiamiamo *estremo inferiore* di A.

Per quanto abbiamo detto circa l'elemento di separazione tra i due insiemi di una sezione di $\mathbb{R}$:

- o λ è il *massimo* di I

- o λ è il *minimo* di $\mathbb{R} - I$

Pensando agli elementi che costituiscono $\mathbb{R} - I$ è facile convincersi che λ è il minimo di $\mathbb{R} - I$ *se e solo se* l'insieme A ha il minimo m e che risulta $\lambda = m$.
L'estremo inferiore di un insieme A limitato inferiormente è quindi:

♣ il suo minimo, se l'insieme A ha il minimo

♣ il "più grande" dei suoi minoranti, se l'insieme A non ha il minimo

Se un insieme non vuoto A non è limitato inferiormente, non possiamo costruire il suo estremo inferiore in quanto l'insieme I è vuoto e quindi i due insiemi I e $\mathbb{R} - I$ non costituiscono una sezione di $\mathbb{R}$. In questo caso si fa la convenzione di dire che l'insieme A ha come estremo inferiore il simbolo $-\infty$: $\lambda = -\infty$.
Ovviamente si tratta solo di una convenzione linguistica opportuna in quanto permette di concludere che ogni insieme non vuoto A ha l'estremo inferiore, il quale:

- è un numero, se A è limitato inferiormente

- è il simbolo $-\infty$, se A è illimitato inferiormente.

Sintetizziamo tutta l'analisi fatta nel seguente schema:

$$\text{insieme non vuoto } A \begin{cases} \text{limitato inferiormente} \Rightarrow \begin{cases} \text{ha minimo } m & \Rightarrow \lambda = m \\ \text{non ha minimo} & \Rightarrow \lambda \in \mathbb{R} \text{ e } \lambda \notin A \end{cases} \\ \text{illimitato inferiormente} \Rightarrow \lambda = -\infty \end{cases}$$

§ 1.15 Estremi di un insieme; i simboli $-\infty$ e $+\infty$

In modo del tutto analogo diciamo:

Se un insieme non vuoto A è *limitato superiormente*, è evidente che possiede *infiniti maggioranti*; se s è infatti un maggiorante di A, è tale ogni numero $s' > s$.

Consideriamo l'insieme S di tutti i maggioranti di A e l'insieme $\mathbb{R} - S$.[5] Essi costituiscono una *sezione* di $\mathbb{R}$, pertanto ammettono l'*elemento di separazione* che denotiamo con la lettera greca Λ (si legge "lambda maiuscola") e chiamiamo *estremo superiore* di A.

Per quanto abbiamo detto circa l'elemento di separazione tra i due insiemi di una sezione di $\mathbb{R}$:

- o Λ è il massimo di $\mathbb{R} - S$

- o Λ è il minimo di S

Pensando agli elementi che costituiscono $\mathbb{R} - S$ è facile convincersi che Λ è il massimo di $\mathbb{R} - S$ *se e solo se* l'insieme A ha il massimo M e che risulta: $\Lambda = M$.

L'estremo superiore di un insieme A limitato superiormente è quindi:

♣ il suo massimo, se l'insieme A ha il massimo

♣ il "più piccolo" dei suoi maggioranti se l'insieme A non ha il massimo.

Anche qui, se un insieme non vuoto A non è *limitato superiormente*, non possiamo costruire il suo estremo superiore in quanto l'insieme S è vuoto e quindi i due insiemi $\mathbb{R} - S$ e S non costituiscono una sezione di $\mathbb{R}$. Si fa allora (anche qui) la convenzione di dire che l'insieme A ha come estremo superiore il simbolo $+\infty$: $\Lambda = +\infty$.

Si tratta (anche qui) di una convenzione linguistica opportuna in quanto permette di concludere che ogni insieme non vuoto A ha l'estremo superiore, il quale:

- è un numero, se A è limitato superiormente

---

[5]L'insieme $\mathbb{R} - S$ è costituito da tutti i numeri di A e da tutti gli altri numeri di $\mathbb{R}$, se ce ne sono, che non sono maggioranti di A, che sono cioè minori di almeno un numero di A.

– è il simbolo $+\infty$, se A è illimitato superiormente

Sintetizziamo (anche qui) l'analisi fatta in uno schema:

$$\text{insieme non vuoto } A \begin{cases} \text{limitato} \\ \text{superiormente} \end{cases} \Rightarrow \begin{cases} \text{ha massimo } M & \Rightarrow \Lambda = M \\ \text{non ha massimo} & \Rightarrow \Lambda \in \mathbb{R} \text{ e } \Lambda \notin A \end{cases}$$
$$\begin{cases} \text{illimitato} \\ \text{superiormente} \end{cases} \Rightarrow \Lambda = +\infty$$

Riassumendo:

Con l'introduzione dei due simboli $-\infty$ e $+\infty$, ogni insieme non vuoto A di numeri reali ha i suoi estremi inferiore e superiore.

Sorge ora naturale la domanda:

Dato un insieme non vuoto A, come si trovano i suoi estremi inferiore e superiore?

Prima di affrontare tale questione facciamo *alcune convenzioni* per rendere possibile l'uso dei simboli $+\infty$ e $-\infty$ che abbiamo introdotto e segnaliamo alcune proprietà degli estremi.

1.16 Convenzioni per l'uso dei simboli $-\infty$ e $+\infty$. Proprietà degli estremi di un insieme

Per l'uso dei simboli $-\infty$ e $+\infty$ facciamo le seguenti convenzioni:

1) $\forall x \in \mathbb{R} \Rightarrow -\infty < x < +\infty$

2) $\forall x \in \mathbb{R} \Rightarrow \begin{cases} x + (+\infty) = +\infty + x = +\infty \\ x + (-\infty) = -\infty + x = -\infty \\ \dfrac{x}{+\infty} = \dfrac{x}{-\infty} = 0 \end{cases}$

3) $\forall\, x > 0 \;\Rightarrow\; \begin{cases} x \cdot (+\infty) = +\infty \cdot x = +\infty \\ x \cdot (-\infty) = -\infty \cdot x = -\infty \end{cases}$

4) $\forall\, x < 0 \;\Rightarrow\; \begin{cases} x \cdot (+\infty) = +\infty \cdot x = -\infty \\ x \cdot (-\infty) = -\infty \cdot x = +\infty \end{cases}$

L'insieme $\mathbb{R} \cup \{-\infty, +\infty\}$, con le convenzioni ora elencate per l'uso dei simboli $-\infty$ e $+\infty$, si chiama *insieme dei numeri reali ampliato* e si denota con $\widetilde{\mathbb{R}}$ (si legge "$\mathbb{R}$ tilde") o anche con $[-\infty, +\infty]$, mentre l'insieme $\mathbb{R}$ si denota con $(-\infty, +\infty)$.

Ciò premesso, elenchiamo alcune proprietà degli estremi di un insieme, di per sé evidenti.

Detti, al solito, λ e Λ gli estremi di un insieme non vuoto A, abbiamo:

1) $\lambda \leq \Lambda$ (è $\lambda = \Lambda$ se e solo se A è costituito da un solo elemento)

2) $A \subseteq [\lambda, \Lambda]$ e l'intervallo $[\lambda, \Lambda]$ è il "più piccolo intervallo" contenente A.

3) se è A' un sottoinsieme non vuoto di A: $\emptyset \neq A' \subseteq A$, detti λ', Λ' i suoi estremi e λ, Λ, quelli di A, tra $\lambda, \lambda', \Lambda'\Lambda$ sussiste la relazione

$$\lambda \leq \lambda' \leq \Lambda' \leq \Lambda$$

4) se A' e A'' sono due sottoinsiemi non vuoti di A tali che $A' \cup A'' = A$, detti rispettivamente $\lambda', \Lambda', \lambda'', \Lambda''$ e λ, Λ gli estremi di A', A'' ed A, si ha:

$$\lambda = \text{minimo } \{\lambda', \lambda''\}$$

e

$$\Lambda = \text{massimo } \{\Lambda', \Lambda''\}$$

Vediamo ora come si trovano gli estremi di un insieme.

1.17 Come si trovano gli estremi di un insieme

Finora abbiamo definito gli estremi di un insieme (non vuoto), abbiamo elencato le proprietà di cui godono, però non abbiamo detto come si possa trovarli in pratica.

Dato il carattere elementare di questo libro, non vogliamo fare una trattazione completa di tale questione, ma semplicemente esaminare alcuni esempi per renderci conto delle difficoltà che s'incontrano e dei mezzi che abbiamo per superarle.

Nel libro "Limiti e continuità" torneremo poi a parlare di estremi di un insieme per metterli in relazione con il concetto di *punto di accumulazione* (di un insieme), indispensabile per poter formalizzare l'operazione di limite.

Esempio 1.6 *Sia $A = \{1, 2, 3, 4, 5\}$. Poiché A è un insieme finito, esso ha il minimo: $m = 1$ ed il massimo $M = 5$; i suoi estremi sono pertanto $\lambda = m = 1$ e $\Lambda = M = 5$.*

Qui non abbiamo incontrato alcuna difficoltà.

Esempio 1.7 *Sia $A = (-3, 8] \cup (10, 21]$. È facile convincersi che l'insieme A è limitato, non ha minimo ma ha il massimo: $M = 21$. Il suo estremo inferiore è $\lambda = -3$ ed il suo estremo superiore è $\Lambda = M = 21$.*

Neanche qui abbiamo incontrato alcuna difficoltà!

Esempio 1.8 *Sia $A = \{x \in \mathbb{R} : x = 1 + 1/n, \text{ con } n \in \mathbb{N}\}$. Come si vede, si tratta di un insieme, definito per comprensione, i cui elementi x si ottengono sostituendo successivamente, al posto di n, i numeri naturali 1,2,3,... nella "formula":*

$$x = 1 + 1/n \qquad (1.17)$$

Dalla (1.17) si vede chiaramente come all'aumentare del valore attribuito alla lettera n, diminuisce il valore dell'elemento x corrispondente. Questa osservazione ci permette di concludere che:

§ 1.17 Come si trovano gli estremi di un insieme 29

* l'insieme A ha il massimo che si ottiene per $n = 1$: $M = 1 + 1/1 = 2$, pertanto ha l'estremo superiore: $\Lambda = M = 2$

* l'insieme A non ha il minimo, però è limitato inferiormente perché qualunque sia il valore attribuito a n, il numero $1/n$ risulta maggiore di 0 e pertanto si ha:

$$x = 1 + 1/n > 1$$

Il numero 1 e tutti i numeri minori di esso, sono quindi minoranti di A.
Qual'è l'estremo inferiore di A?
Ricordando che, se un insieme non ha il minimo, l'estremo inferiore è "il più grande" dei suoi minoranti, potremo concludere che l'estremo inferiore è il numero 1 se faremo vedere che non esiste alcun minorante di A maggiore di 1.
Ma come si fa a vedere ciò?
Con questo "piccolo trucco"!
Denotiamo con la lettera greca ε (si legge "épsilon") il generico numero reale positivo ed esprimiamo con $1 + \varepsilon$ il generico numero più grande di 1; al variare di ε in $(0, +\infty)$ si ottengono ovviamente tutti i numeri più grandi di 1 e quindi anche i minoranti di A maggiori di 1, se ce ne sono.
Ma ce ne sono?
Bene, se qualunque sia il valore positivo attribuito ad ε esiste almeno un numero naturale n^* (dipendente da ε) che sostituito alla lettera n nella (1.17) dia luogo ad un elemento $x^* = 1 + 1/n^*$ minore di $1 + \varepsilon$, vuol dire che non esiste alcun minorante di A che si possa scrivere come $1 + \varepsilon$, quindi maggiore di 1, e pertanto 1 è l'estremo inferiore di A.
Ma numeri naturali n^* siffatti esistono? E se esistono, come si trovano?
Le risposte si hanno risolvendo la disequazione

$$1 + 1/n < 1 + \varepsilon \qquad (1.18)$$

avente n per incognita ed ε per parametro.
Se, qualunque sia il valore positivo attribuito ad ε, la disequazione (1.18)

ha qualche soluzione n^* in $\mathbb{N}$, il numero n^*, sostituito al posto di n nella
(1.17) dà luogo appunto ad un elemento $x^* \in A$ più piccolo di $1 + \varepsilon$ e
pertanto quest'ultimo non è minorante.
Risolvendo finalmente la (1.18), si ottiene

$$n > 1/\varepsilon \qquad ;$$

la disequazione (1.18) ha quindi infinite soluzioni in $\mathbb{N}$, pertanto esistono
addirittura infiniti elementi di A minori di $1 + \varepsilon$ (qualunque sia il valore
attribuito ad ε) ed allora l'estremo inferiore di A è 1: $\lambda = 1$.

Ha capito il trucco e come abbiamo ragionato?
Ad ogni modo rilegga quest'esempio e se lo fissi bene in mente!
Per vedere se ha assimilato veramente la tecnica utilizzata, seguendo gli
stessi passi, trovi gli estremi di quest'altro insieme:

$$A = \{x \in \mathbb{R} : x = 5 + 1/n^2 \text{ , con } n \in \mathbb{N}\}$$

I risultati a cui perverrà, se avrà ragionato correttamente, saranno:

$$\lambda = 5 \, , \, \Lambda = M = 6$$

Diamo ora un altro esempio, in cui mettiamo a punto una tecnica simile per trovare l'estremo superiore di un insieme dato per comprensione, limitato superiormente ma che non abbia massimo.

Esempio 1.9 *Sia $A = \{x \in \mathbb{R} : x = 1 - 1/n \text{ , con } n \in \mathbb{N}\}$. È facile, ragionando come nell'esempio precedente, constatare che tale insieme ha il minimo $m = 0$, è limitato superiormente dal numero 1, però non ha il massimo.*

Qual'è il suo estremo superiore?
Il "più piccolo" dei maggioranti che si vede "ad occhio nudo" è 1.
Sarà forse 1 l'estremo superiore o esiste qualche maggiorante più piccolo?
Poiché ogni numero minore di 1 può essere espresso come $1 - \varepsilon$, concluderemo che il più piccolo dei maggioranti è 1 se esiste qualche numero $x \in A$ che sia maggiore di $1 - \varepsilon$; ciò avviene se la disequazione

$$1 - 1/n > 1 - \varepsilon \qquad (1.19)$$

§ *1.17 Come si trovano gli estremi di un insieme* 31

ha qualche soluzione in $\mathbb{N}$, *qualunque sia il valore positivo attribuito ad* ε.
Risolvendo la (1.19) si ha:
$$n > 1/\varepsilon$$
1 è pertanto il più piccolo dei maggioranti cioè l'estremo superiore di A:
$\Lambda = 1$.

Per terminare questo argomento, diamo un ultimo esempio in cui le tecniche viste per la ricerca degli estremi non si applicano immediatamente.

Esempio 1.10 *Sia* $A = \{x \in \mathbb{R} : x = 1 + (-1)^n/n$, *con* $n \in \mathbb{N}\}$.
Detti $\mathbb{N}_d$ *e* $\mathbb{N}_p$ *i sottoinsiemi di* $\mathbb{N}$ *costituiti rispettivamente dai numeri dispari e dai numeri pari, consideriamo i due sottoinsiemi di A:*

$$\begin{aligned} A_d &= \{x \in \mathbb{R} : x = 1 + (-1)^n/n \text{ , con } n \in \mathbb{N}_d\} = \\ &= \{x \in \mathbb{R} : x = 1 - 1/n \text{ , con } n \in \mathbb{N}_d\} \end{aligned}$$

$$\begin{aligned} A_p &= \{x \in \mathbb{R} : x = 1 + (-1)^n/n \text{ , con } n \in \mathbb{N}_p\} = \\ &= \{x \in \mathbb{R} : x = 1 + 1/n \text{ , con } n \in \mathbb{N}_p\} \end{aligned}$$

Poiché $A_d \cup A_p = A$, *possiamo qui cercare separatamente gli estremi* λ_d, Λ_d *di* A_d *e* λ_p, Λ_p *di* A_p *per poi applicare la proprietà 4 degli estremi vista nel paragrafo 1.16, cioè:*

$$\lambda = minimo\{\lambda_d, \lambda_p\} \text{ , } \Lambda = massimo\{\Lambda_d, \Lambda_p\} \text{ .}$$

Facendo i calcoli, che lasciamo come esercizio allo Studente, si arriva alle seguenti conclusioni:

$\lambda_d = m_d = 0, \Lambda_d = 1, \lambda_p = 1, \Lambda_p = M_p = 3/2$ *e pertanto* $\lambda = 0, \Lambda = 3/2$.

Non insistiamo ulteriormente su tale questione, dato il carattere elementare del libro, tuttavia speriamo di aver dato, con gli esempi esaminati, uno spunto allo Studente interessato.

Introduciamo ora alcuni insiemi "famosi" in matematica.

1.18 Alcuni insiemi famosi: $\mathbb{R}^2, \mathbb{R}^3, \mathbb{R}^n$

Segnaliamo ora tre insiemi di cui si fa un largo uso in matematica. Essi sono:

L'insieme di tutte le coppie ordinate di numeri reali che viene denotato con $\mathbb{R}^2$.

La generica coppia ordinata di numeri reali, cioè il generico elemento di $\mathbb{R}^2$, viene denotata (x, y).

Osserviamo che l'insieme $\mathbb{R}^2$, oltre che con i diagrammi di Venn (come ogni altro insieme non vuoto) può essere rappresentato con i punti del piano cartesiano, cioè con i punti del piano della geometria elementare in cui sia stato fissato "un sistema di coordinate cartesiane" che assumiamo, per semplicità, ortogonale e monometrico:

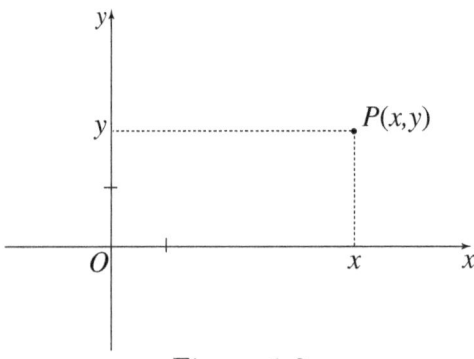

Figura 1.9

L'insieme di tutte le terne ordinate di numeri reali che viene denotato con $\mathbb{R}^3$.

La generica terna ordinata di numeri reali, cioè il generico elemento di $\mathbb{R}^3$, viene denotata con (x, y, z).

Osserviamo che l'insieme $\mathbb{R}^3$, oltre che con i diagrammi di Venn (come ogni altro insieme non vuoto) può essere rappresentato con i punti dello spazio cartesiano, cioè con i punti dello spazio della geometria elementare in cui sia stato fissato "un sistema di coordinate cartesiane" che anche qui assumiamo, per semplicità, ortogonale e monometrico.

§ 1.19 Riflessione sul concetto di piano cartesiano 33

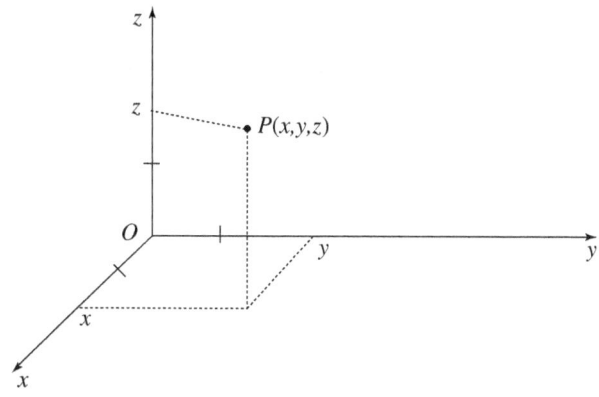

Figura 1.10

L'insieme di tutte le n^{ple} ordinate di numeri reali che viene denotato con $\mathbb{R}^n$ (con $n \geq 2$).

La generica n^{pla} ordinata, cioè il generico elemento di $\mathbb{R}^n$, viene denotata con $(x_1, x_2, \ldots, x_n)$.

Se è $n = 2$, l'insieme $\mathbb{R}^n$ coincide con $\mathbb{R}^2$;
se è $n = 3$, l'insieme $\mathbb{R}^n$ coincide con $\mathbb{R}^3$;
se è $n > 3$, si tratta invece di un insieme nuovo e non ammette una rappresentazione geometrica analoga a quelle che ammettono $\mathbb{R}^2$ e $\mathbb{R}^3$.

Per terminare facciamo alcune riflessioni sul concetto di piano cartesiano.

1.19 Riflessioni sul concetto di piano cartesiano

Nel paragrafo precedente abbiamo detto che il piano cartesiano è il piano π della "geometria elementare" nel quale sia stato fissato "un sistema di coordinate cartesiane". Osserviamo che:

1) Nel piano π si possono fissare infiniti sistemi di coordinate cartesiane e pertanto, a partire dal piano π, si può costruire un piano cartesiano in infiniti modi:

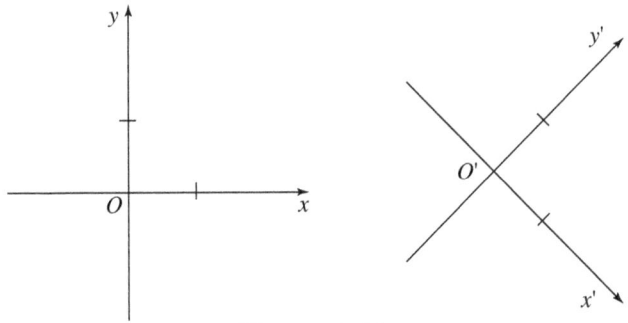

Figura 1.11

2) Se fissiamo in π un sistema di coordinate cartesiane, le coordinate (x, y) di ogni punto $P \in \pi$ dipendono dal sistema di coordinate fissato.

3) Presi due punti P_1 e P_2 di un piano cartesiano, di coordinate rispettivamente (x_1, y_1) e (x_2, y_2), la loro distanza, cioè la lunghezza del segmento di estremi P_1 e P_2, viene denotata con $\overline{P_1 P_2}$ e si calcola applicando il teorema di Pitagora al triangolo rettangolo T della figura seguente:

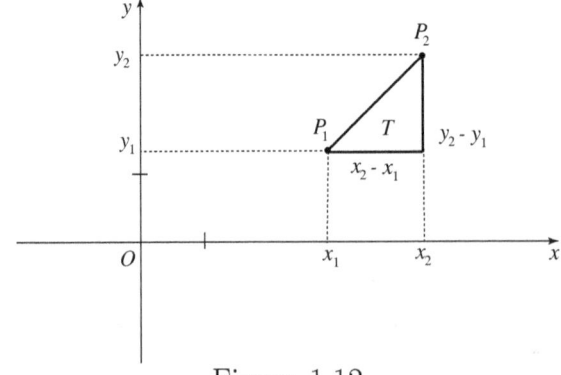

Figura 1.12

§ 1.19 Riflessione sul concetto di piano cartesiano

Si ha allora:
$$\overline{P_1P_2} = \sqrt{(x_2 - x_1)^2 + (y_2 - y_1)^2}$$

4) Poiché una coppia $(x, y) \in \mathbb{R}^2$ può essere rappresentata con un punto P di un piano cartesiano, ogni *sottoinsieme* (non vuoto) G di $\mathbb{R}^2$ può essere rappresentato con un insieme F di punti di un piano cartesiano.

5) Ad ogni sottoinsieme (non vuoto) F di punti di un piano cartesiano, resta associato un sottoinsieme G di $\mathbb{R}^2$ costituito dalle coppie (ordinate) di numeri che sono le coordinate dei punti $P \in F$.

Se l'insieme G viene rappresentato per *comprensione* e la proprietà P che lo determina è un'equazione, quest'ultima, avendo come soluzioni gli elementi di G (che sono coppie ordinate di numeri), è in generale un'equazione in due incognite e prende il nome di *equazione cartesiana di F*.

Chiariamo questo concetto con un esempio.

Esempio 1.11 *In un piano cartesiano sia F la circonferenza di centro $C(\alpha, \beta)$ e raggio r. Tenendo presente che la distanza tra un punto $P(x, y)$ del piano cartesiano ed il centro $C = (\alpha, \beta)$ è:*

$$\overline{CP} = \sqrt{(x - \alpha)^2 + (y - \beta)^2}$$

segue che l'insieme G delle coppie, associato alla circonferenza F, è:

$$G = \{(x, y) \in \mathbb{R}^2 : \sqrt{(x - \alpha)^2 + (y - \beta)^2} = r\} \quad .$$

L'insieme G, oltre che dall'equazione:

$$\sqrt{(x - \alpha)^2 + (y - \beta)^2} = r \tag{1.20}$$

può essere caratterizzato da ogni altra equazione ad essa equivalente. [6]
L'equazione, equivalente alla (1.20), che in genere si utilizza, è quella che si ottiene da essa elevandone al quadrato ambo i membri, cioè:

$$(x - \alpha)^2 + (y - \beta)^2 = r^2 \tag{1.21}$$

---
[6]Due equazioni si dicono *equivalenti* se hanno le stesse soluzioni.

Ora che abbiamo chiaro il concetto di equazione di un sottoinsieme F di punti del piano cartesiano, occupiamoci in questi ultimi paragrafi dell'*equazione della retta*.

1.20 Equazione della retta nel piano cartesiano

Sappiamo che due punti $P_1(x_1, y_1)$ e $P_2(x_2, y_2)$ di un piano cartesiano, tra loro distinti, determinano una sola retta r (di tale piano).

Se è $x_1 = x_2 = h$, la retta r è parallela all'asse delle ordinate e tutti i punti $P \in r$ hanno la stessa ascissa h (figura 1.13).

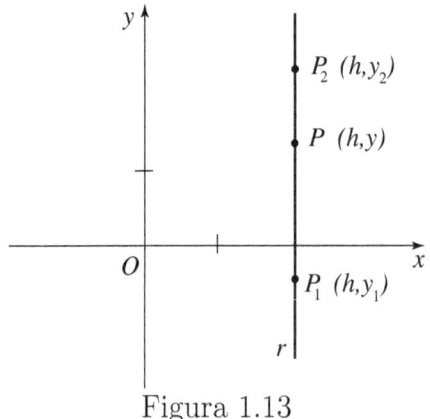

Figura 1.13

Poiché gli unici punti del piano cartesiano che hanno per ascissa h sono quelli appartenenti alla retta r, possiamo concludere che l'insieme G, ad essa associato, è costituito da *tutte e sole* le coppie ordinate di numeri reali aventi i primi elementi uguali ad h. In simboli:

$$G = \{(x, y) \in \mathbb{R}^2 : x = h\}$$

L'insieme G è definito per comprensione e la sua proprietà caratteristica è quindi l'equazione:

$$x = h \tag{1.22}$$

§ 1.20 Equazione della retta nel piano cartesiano

che prende il nome di *equazione della retta parallela all'asse delle ordinate*. In particolare l'asse delle ordinate ha equazione $x = 0$.

Se è invece: $y_1 = y_2 = k$, la retta r è parallela all'asse delle ascisse e tutti i suoi punti hanno la stessa ordinata k:

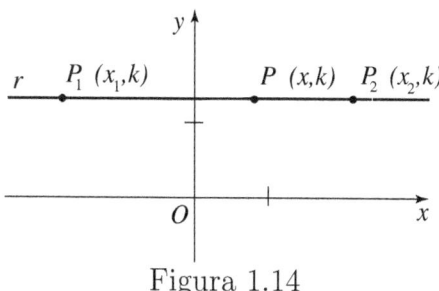

Figura 1.14

Anche qui, poiché gli unici punti P del piano cartesiano che hanno per ordinata k sono quelli appartenenti alla retta r, possiamo concludere che l'insieme G, ad essa associato, è costituito da *tutte e sole* le coppie ordinate di numeri reali aventi i secondi elementi uguali a k. In simboli:

$$G = \{(x, y) \in \mathbb{R}^2 : y = k\}$$

L'insieme G è definito per comprensione e la sua proprietà caratteristica è l'equazione

$$y = k \qquad (1.23)$$

che prende il nome di *equazione della retta parallela all'asse delle ascisse*. In particolare l'asse delle ascisse ha equazione $y = 0$.

Se è infine: $x_1 \neq x_2$ e $y_1 \neq y_2$, la retta r *non è parallela a nessuno dei due assi coordinati*:

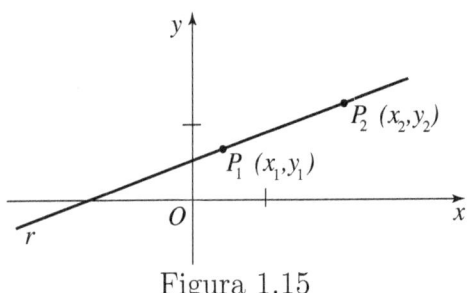

Figura 1.15

In questo caso: come si può trovare una proprietà (definita in $\mathbb{R}^2$) che caratterizzi l'insieme G ad essa associato?

Bene si ragiona così:
Se prendiamo un qualunque punto $P \in r$ distinto da P_1 e P_2 e consideriamo i triangoli (rettangoli) P_1HP e P_1KP_2 della figura seguente

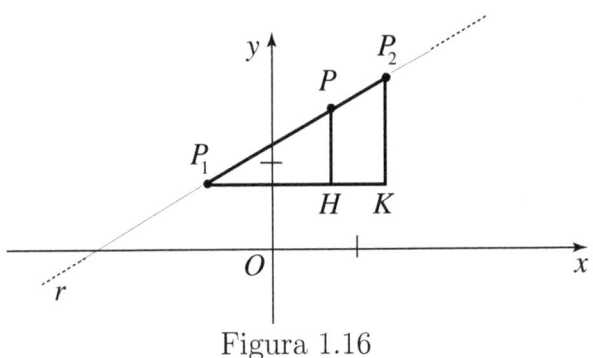

Figura 1.16

quest'ultimi sono simili. Siccome i triangoli simili sono caratterizzati dal fatto che i rapporti tra le lunghezze dei lati corrispondenti sono uguali, possiamo scrivere:

$$\frac{\overline{P_1H}}{\overline{P_1K}} = \frac{\overline{HP}}{\overline{KP_2}} \tag{1.24}$$

§ 1.20 Equazione della retta nel piano cartesiano

Se denotiamo ora con le lettere x e y le coordinate di P, abbiamo:

$$\begin{aligned} \overline{P_1H} &= x - x_1 \\ \overline{P_1K} &= x_2 - x_1 \\ \overline{HP} &= y - y_1 \\ \overline{KP_2} &= y_2 - y_1 \end{aligned} \quad (1.25)$$

e quindi dalla (1.24) segue:

$$\frac{x - x_1}{x_2 - x_1} = \frac{y - y_1}{y_2 - y_1} \quad (1.26)$$

La (1.26) è stata dedotta supponendo che il punto $P \in r$ fosse distinto da P_1 e da P_2; tuttavia, come si può verificare facilmente, essa è soddisfatta anche dalle coordinate di P_1 e di P_2, per cui possiamo concludere:

Se $P(x,y)$ è un qualunque punto della retta r, determinata dai punti $P_1(x_1, y_1)$ e $P_2(x_2, y_2)$, le sue coordinate x e y verificano l'equazione (1.26).

Possiamo a questo punto affermare che la (1.26) è la proprietà cercata per caratterizzare l'insieme G associato alla retta r?

Rilegga il ragionamento che abbiamo fatto per arrivare fin qui e concluda!

Sicuramente la sua conclusione sarà no; l'unica cosa infatti che abbiamo provato, è che, se un punto P appartiene ad r, le sue coordinate soddisfano la (1.26); questo però non ci autorizza a ritenere che non possano esistere altri punti del piano, oltre a quelli della retta r, le cui coordinate soddisfano la (1.26).

Se riusciremo a provare che punti siffatti non esistono, potremo concludere che la (1.26) è la proprietà cercata per caratterizzare l'insieme G.

Ma come si può provare ciò? È facile!
Basta partire dalla (1.26) e dimostrare che, se un punto $P(x,y)$ del piano verifica con le sue coordinate la (1.26), esso appartiene alla retta r.
La (1.26), tenendo presenti le (1.25), si traduce nella (1.24).
La (1.24), a sua volta, assicura che i due triangoli P_1HP e P_1KP_2 sono

simili; questi ultimi poi sono simili se i due angoli di vertice P_1 sono uguali, ed essi sono uguali se il punto P appartiene ad r.

Concludendo:

- l'equazione (1.26) è la proprietà cercata per caratterizzare l'insieme G associato ad r. In simboli:

$$G = \left\{ (x,y) \in \mathbb{R}^2 : \frac{x-x_1}{x_2-x_1} = \frac{y-y_1}{y_2-y_1} \right\}$$

L'equazione (1.26) è quindi *l'equazione della retta r nel caso che quest'ultima non sia parallela a nessuno dei due assi coordinati.*

Di essa ci serviremo tutte le volte che dovremo scrivere l'equazione di una retta, note che siano le coordinate di due dei suoi punti.

È facile convincersi che le tre equazioni: (1.22),(1.23) e (1.26) sono tutte del tipo :

$$ax + by + c = 0 \qquad (1.27)$$

infatti:

- ♣ se è $a=1$, $b=0$ e $c=-h$, la (1.27) diventa la (1.22)

- ♣ se è $a=0$, $b=1$ e $c=-k$, la (1.27) diventa la (1.23)

- ♣ se è $a = \dfrac{1}{x_2-x_1}$, $b = \dfrac{-1}{y_2-y_1}$ e $c = -\dfrac{x_1}{x_2-x_1} + \dfrac{y_1}{y_2-y_1}$, la (1.27) diventa la (1.26).

Conclusione:

data una retta r del piano cartesiano, ad essa resta associata un'equazione del tipo (1.27), che costituisce la proprietà caratteristica dell'insieme G delle coppie ad essa associato.

L'equazione (1.27) è un'equazione di primo grado; i numeri a e b si chiamano *coefficienti* dell'equazione, mentre il numero c è detto *termine noto*.

Vengono ora naturali due domande:

§ 1.20 Equazione della retta nel piano cartesiano

1) Data una retta r di un piano cartesiano, l'insieme G ad essa associato può essere caratterizzato solo dall'equazione che abbiamo trovato?
   In altre parole: l'equazione trovata è l'unica equazione che ha per soluzioni tutti e soli gli elementi di G?

2) Data un'equazione del tipo (1.27), se rappresentiamo l'insieme G delle sue soluzioni [7] con i punti di un piano cartesiano, questi ultimi costituiscono una retta?

Andiamo in ordine nelle nostre risposte!

Per quanto riguarda la domanda 1, la risposta è semplice: l'insieme G può essere caratterizzato, oltre che dall'equazione trovata, da ogni altra equazione ad essa equivalente [8] e pertanto esistono infinite equazioni che hanno per soluzioni *tutti e soli* gli elementi di G.

Nel rispondere alla domanda 2, distinguiamo vari casi:

♣ se è $a = 0$, l'equazione (1.27) diviene:
$by + c = 0$ e quindi l'insieme G delle sue soluzioni in $\mathbb{R}^2$ è:
$$G = \{(x,y) \in \mathbb{R}^2 : y = -\frac{c}{b}\}$$

La rappresentazione (geometrica) cartesiana di G è in questo caso la retta parallela all'asse delle ascisse i cui punti hanno tutti l'ordinata uguale a $-\frac{c}{b}$.
Conclusione:

ad ogni equazione del tipo $by + c = 0$ corrisponde una retta parallela all'asse delle ascisse.

♣ se è $b = 0$, l'equazione (1.27) diviene:
$ax + c = 0$ e quindi l'insieme G delle sue soluzioni in $\mathbb{R}^2$ è:
$$G = \{(x,y) \in \mathbb{R}^2 : x = -\frac{c}{a}\}$$

---

[7]Le soluzioni della (1.27) si trovano assegnando a x valori arbitrari e calcolando poi i corrispondenti valori della y. La generica soluzione è: $(x, -\frac{c+ax}{b})$

[8]Data un'equazione, se si moltiplicano ambo i membri per uno stesso numero $\neq 0$ oppure si somma ad ambo i membri uno stesso numero, si ottengono equazioni equivalenti ad essa.

La rappresentazione (geometrica) cartesiana di G è in questo caso la retta parallela all'asse delle ordinate i cui punti hanno tutti l'ascissa uguale a $-\frac{c}{a}$.

Conclusione:

ad ogni equazione del tipo $ax+c = 0$ corrisponde una retta parallela all'asse delle ordinate.

- ♣ Se è $a \neq 0$, $b \neq 0$ e $c = 0$, l'equazione (1.27) diviene:

$$ax + by = 0 \qquad (1.28)$$

Per vedere se la (1.28) è l'equazione di una retta, ragioniamo così: consideriamo due soluzioni di essa, ad esempio $(0,0)$ e $(1, -\frac{a}{b})$ e scriviamo l'equazione della retta determinata dai punti $O(0,0)$ ed $A(1, -\frac{a}{b})$.

Se l'equazione che troveremo sarà uguale o equivalente all'equazione (1.28), potremo concludere che la (1.28) è equazione di una retta.

Passando ai calcoli si ha:

$$\frac{x-0}{1-0} = \frac{y-0}{-\frac{a}{b}-0} \text{ da cui } x = -\frac{b}{a}y \text{ da cui } x + \frac{b}{a}y = 0$$

ed infine (moltiplicando ambo i membri per a) si ottiene:

$$ax + by = 0$$

Poiché l'equazione trovata è proprio la (1.28), possiamo concludere:

ad ogni equazione del tipo $ax + by = 0$ corrisponde una retta passante per il punto O (origine del sistema di coordinate).

- ♣ se è infine $a \neq 0, b \neq 0, c \neq 0$, ragionando come nel caso precedente, si arriva a concludere che ad essa corrisponde una retta.

Lasciamo la dimostrazione per esercizio allo Studente; l'unico consiglio che gli diamo, affinché i calcoli non gli diventino troppo gravosi, è di partire dalle soluzioni $(-\frac{c}{a}, 0)$ e $(0, -\frac{c}{b})$.

Concludendo, tutta l'analisi fatta si può riassumere così:

§ *1.21 Equazione esplicita della retta*

- Data una retta r (del piano cartesiano) ad essa restano associate infinite equazioni del tipo (1.27) equivalenti tra loro.

- Data un'equazione del tipo (1.27), ad essa resta associata una sola retta r (del piano).

Ora che abbiamo le idee chiare circa la relazione che esiste tra rette (del piano cartesiano) ed equazioni del tipo (1.27), ci poniamo quest'altra domanda:
Tra le infinite equazioni di una stessa retta ce n'è una "privilegiata" nel senso che rende meglio delle altre l'idea della posizione della retta rappresentata rispetto agli assi coordinati?
Andiamo a vedere!

1.21 Equazione esplicita della retta

Sia data una retta r (mediante l'assegnazione di due dei suoi punti) e supponiamo che:
$$ax + by + c = 0 \tag{1.29}$$
sia una delle sue equazioni.

Se è $b \neq 0$, cioè se r non è parallela all'asse delle ordinate, moltiplichiamo ambo i membri della (1.29) per $\frac{1}{b}$ ottenendo così l'equazione equivalente:
$$\frac{a}{b}x + y + \frac{c}{b} = 0$$
che possiamo scrivere:
$$y = -\frac{a}{b}x - \frac{c}{b} \tag{1.30}$$
Se denotiamo rispettivamente con m e n i due numeri $-\frac{a}{b}$ e $-\frac{c}{b}$, la (1.30) può essere più semplicemente scritta così:
$$y = mx + n \tag{1.31}$$

Bene, la (1.31) è l'equazione "privilegiata" (rispetto alle infinite altre ad essa equivalenti) di cui andavamo alla ricerca.
Il suo "privilegio" risiede nel fatto che i due numeri m e n hanno un significato geometrico ed esattamente:

- n è l'ordinata del punto in cui la retta "taglia" l'asse delle ordinate.

- m dà invece una "stima" della "pendenza" che la retta r ha rispetto all'asse delle ascisse.

Per convincersene, basta disegnare le rette di equazioni:

$$y = x + 2 \,,\, y = 2x + 2 \,,\, y = 3x + 2$$

L'equazione (1.31) si chiama *equazione esplicita* della retta r, mentre i due numeri n e m prendono rispettivamente il nome di *ordinata all'origine* e di *coefficiente angolare*.
Per terminare questi cenni di geometria analitica della retta, andiamo a vedere come si può decidere, attraverso le loro equazioni, se due rette sono parallele o incidenti ed, in quest'ultimo caso, se sono tra loro perpendicolari oppure no.

1.22 Condizioni di parallelismo, d'incidenza e di perpendicolarità tra due rette di un piano cartesiano

Date due equazioni
$$ax + by + c = 0 \qquad (1.32)$$

e

$$a'x + b'y + c' = 0 \qquad (1.33)$$

con coefficienti e termini noti diversi da zero, ci poniamo innanzitutto il problema di vedere quando esse rappresentano una stessa retta r e quando due rette distinte r e r'.

Dalle conclusioni tratte nel paragrafo 1.20, segue che le (1.32) e (1.33) rappresentano una stessa retta *se e solo se* sono equivalenti tra loro e sicuramente lo sono se la (1.33) è stata ottenuta dalla (1.32) moltiplicandone ambo i membri per un numero $k \neq 0$, cioè se esiste un numero $k \neq 0$ tale

§ 1.22 Condizioni di parallelismo, d'incidenza e di perpendicolarità

che:

$$\begin{aligned} a' &= k \cdot a \\ b' &= k \cdot b \\ c' &= k \cdot c \end{aligned} \qquad (1.34)$$

Ricavando poi k da ciascuna delle (1.34) si ha:

$$\frac{a'}{a} = k \,, \quad \frac{b'}{b} = k \,, \quad \frac{c'}{c} = k$$

da cui, uguagliando tra loro i primi membri, segue

$$\frac{a'}{a} = \frac{b'}{b} = \frac{c'}{c} \qquad (1.35)$$

Possiamo intanto trarre una prima conclusione:

se i coefficienti e termini noti delle (1.32) e (1.33) verificano la (1.35), esse sicuramente sono equivalenti tra loro e pertanto rappresentano una stessa retta r.

La condizione (1.35) è pertanto una *condizione sufficiente* affiché le equazioni (1.32) e (1.33) rappresentino la stessa retta.

Ci chiediamo ora: è essa anche una *condizione necessaria*?
In altre parole: può accadere che le equazioni (1.32) e (1.33) rappresentino la stessa retta pur non verificando la (1.35)?

Andiamo a vedere!

Se la (1.32) e (1.33) rappresentano una stessa retta r, hanno le stesse soluzioni e quindi ogni loro soluzione è anche soluzione dell'equazione:

$$a'x + b'y + c' - k(ax + by + c) = 0 \qquad (1.36)$$

qualunque sia il valore di k.

Se $(\overline{x}, \overline{y})$ è infatti una soluzione delle (1.32) e (1.33), sostituendo $\overline{x}$ a x e $\overline{y}$ a y nei loro primi membri, essi valgono zero e quindi anche il primo membro della (1.36) vale zero.

Ciò premesso, scriviamo il primo membro della (1.36) così:

$$(a' - ka)x + (b' - kb)y + (c' - kc) = 0$$

scegliendo poi $k = \dfrac{a'}{a}$, quest'ultima diviene:

$$(b' - kb)y + (c' - kc) = 0 \qquad (1.37)$$

La (1.37) deve essere soddisfatta dalle ordinate di tutti i punti $P \in r$; ma poiché ogni valore di y è ordinata di un punto $P \in r$, come si vede dalla seguente figura:

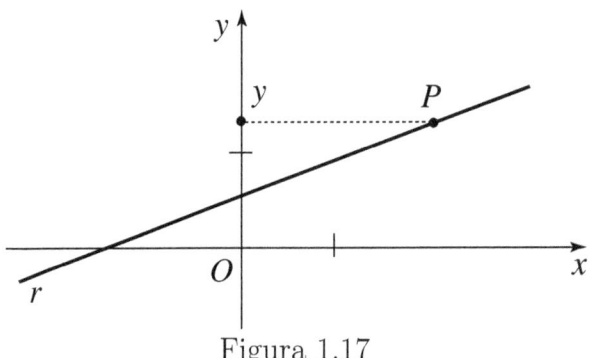

Figura 1.17

e dovendo la (1.37) quindi avere infinite soluzioni, deve risultare:

$$b' - kb = 0 \quad \text{e} \quad c' - kc = 0$$

cioè $\dfrac{b'}{b} = k$ e $\dfrac{c'}{c} = k$.

Poiché è stato scelto $k = \dfrac{a'}{a}$, la (1.35) è verificata.

Riassumendo possiamo dire:

Le due equazioni (1.32) e (1.33) rappresentano la stessa retta *se e solo se* i loro coefficienti e termini noti verificano la (1.35).

★ Domanda: Come si modifica la (1.35) se qualcuno dei numeri a, b, c, a', b', c' è uguale a zero?

Discuta i vari casi, tenendo presente l'analisi svolta nel paragrafo 1.20.

Ce la può fare da solo! Coraggio!

§ 1.22 Condizioni di parallelismo, d'incidenza e di perpendicolarità   47

Se la (1.35) non è verificata, le (1.32) e (1.33) rappresentano due rette r ed r' tra loro distinte.

Come possiamo allora decidere se r e r' sono tra loro parallele o incidenti?

La risposta si ha risolvendo il sistema:

$$\begin{cases} ax + by + c = 0 \\ a'x + b'y + c' = 0 \end{cases} \qquad (1.38)$$

che può ammettere una o nessuna soluzione.

Se ammette una soluzione, i due numeri che la costituiscono sono le coordinate del punto d'incidenza; se non ammette soluzioni, le due rette sono invece parallele.

Ma come si fa a stabilire quale dei due casi si verificherà?
Risolvendo il sistema (1.38), con un qualunque metodo, si ha che i due numeri $\underline{x}$ e $\underline{y}$ che costituiscono la soluzione $(\underline{x}, \underline{y})$ sono espressi dalle formule:

$$\underline{x} = \frac{b \cdot c' - b' \cdot c}{a \cdot b' - a' \cdot b}, \quad \underline{y} = \frac{a' \cdot c - a \cdot c'}{a \cdot b' - a' \cdot b}$$

Possiamo allora concludere che il sistema:

- ha una sola soluzione *se e solo se* è:

$$a \cdot b' - a' \cdot b \neq 0 \qquad (1.39)$$

- non ha soluzioni, cioè le rette rappresentate dalle equazioni del sistema sono parallele, *se e solo se* è:

$$a \cdot b' - a' \cdot b = 0 \qquad (1.40)$$

La (1.40) è la condizione di parallelismo cercata e più comunemente viene scritta così:

$$\frac{a'}{a} = \frac{b'}{b} \qquad (1.41)$$

Se scriviamo invece la (1.40) in quest'altro modo:

$$\frac{a}{b} = \frac{a'}{b'}$$

e teniamo presente che i coefficienti angolari delle due rette sono rispettivamente $m = -\frac{a}{b}$ e $m' = -\frac{a'}{b'}$, abbiamo quest'altra condizione di parallelismo:

$$m = m' \qquad (1.42)$$

cioè: due rette sono parallele *se e solo se* hanno lo stesso coefficiente angolare.

Esaminiamo ora qualche conseguenza delle condizioni di parallelismo:

Data un'equazione $ax + by + c = 0$ e detta r la retta da essa rappresentata, se nell'equazione cambiamo il termine noto, la nuova equazione: $ax + by + k = 0$ rappresenta una retta r' parallela ad r.
In particolare, l'equazione: $ax + by = 0$, rappresenta la retta, parallela ad r, passante per $O(0,0)$.

Data un'equazione $y = mx + n$ e detta r la retta da essa rappresentata, se nell'equazione cambiamo il termine noto (ordinata all'origine), la nuova equazione: $y = mx + k$, rappresenta una retta r' parallela ad r.
In particolare, l'equazione: $y = mx$, rappresenta la retta parallela a r, passante per $O(0,0)$.

Le conseguenze esaminate, oltre ad essere molto utili negli esercizi, ci facilitano in quest'altro problema:
Date due equazioni del tipo (1.32) e (1.33) rappresentanti due rette incidenti r e r', come possiamo decidere se le rette rappresentate, sono tra loro perpendicolari oppure no?

Se r e r' sono tra loro perpendicolari, sono tali anche le rette $\underline{r}$ e $\underline{r}'$ ad esse parallele, passanti per O:

§ 1.22 Condizioni di parallelismo, d'incidenza e di perpendicolarità   49

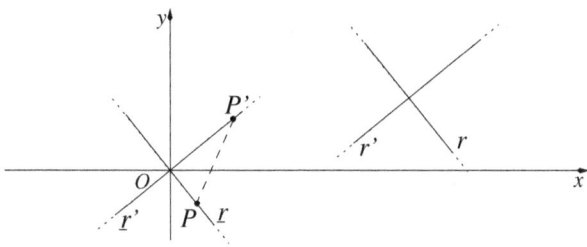

Figura 1.18

Scelti ad arbitrio due punti: $P \in \underline{r}$ e $P' \in \underline{r}'$, il triangolo OPP' risulta rettangolo in O e pertanto verifica il teorema di Pitagora:

$$\overline{OP}^2 + \overline{OP'}^2 = \overline{PP'}^2 \qquad (1.43)$$

se e solo se le rette r e r' sono tra loro perpendicolari.
Se prendiamo ad esempio come punti P e P' i seguenti:

$$P\left(1, -\frac{a}{b}\right) \quad e \quad P'\left(1, -\frac{a'}{b'}\right)$$

la (1.43) diviene:

$$(1-0)^2 + \left(-\frac{a}{b} - 0\right)^2 + (1-0)^2 + \left(-\frac{a'}{b'} - 0\right)^2 = (1-1)^2 + \left(-\frac{a'}{b'} + \frac{a}{b}\right)^2$$

facendo i calcoli, si ha la relazione:

$$1 = -\frac{a \cdot a'}{b \cdot b'}$$

che può anche essere scritta così:

$$a \cdot a' + b \cdot b' = 0 \qquad (1.44)$$

oppure, tenendo presente la definizione di coefficiente angolare, in quest'altro modo:

$$m \cdot m' = -1 \qquad (1.45)$$

Le (1.44) e (1.45) sono le condizioni di perpendicolarità cercate.

Esaminiamo (anche qui) qualche conseguenza delle condizioni di perpendicolarità.

Data un'equazione $ax + by + c = 0$ e, detta r la retta da essa rappresentata, se nell'equazione scambiamo tra loro i coefficienti e ad uno di essi cambiamo il segno, l'equazione:

$$bx - ay + k = 0 \quad , \quad (\forall\, k \in \mathbb{R})$$

rappresenta (per ogni valore di k) una retta perpendicolare a r.
Data un'equazione $y = mx + n$ e, detta r la retta da essa rappresentata, se nell'equazione, al posto di m poniamo $-\frac{1}{m}$, l'equazione:

$$y = -\frac{1}{m}x + k \quad , \quad (\forall\, k \in \mathbb{R})$$

rappresenta (per ogni valore di k) una retta perpendicolare a r.

Nel dedurre le condizioni di parallelismo e di perpendicolarità, abbiamo tacitamente supposto che a, a', b, b' fossero $\neq 0$.

Lasciamo allo Studente il compito di vedere come si semplificano le condizioni trovate nel caso che qualche coefficiente sia nullo.

★ Domanda: L'equazione $\dfrac{x}{p} + \dfrac{y}{q} = 1$ rappresenta una retta?

Se la rappresenta, saprebbe dare un significato geometrico ai numeri p e q?
Lo pensi e risponda!
se ha pensato correttamente, sarà arrivato a queste conclusioni:

- ♣ l'equazione data rappresenta una retta

- ♣ i numeri p e q sono rispettivamente l'ascissa e l'ordinata dei punti in cui la retta "taglia" gli assi coordinati.

L'equazione esaminata prende il nome di *equazione segmentaria della retta*.

Passiamo ora a parlare di funzioni, però prima invitiamo lo Studente a risolvere gli esercizi che trova qui proposti.

Esercizi sugli argomenti trattati nel Capitolo 1

Esercizi sugli insiemi

Esercizio 1.1 *Dare per estensione i seguenti insiemi*

a) $\{x \in \mathbb{R} : x - x = 2\}$

b) $\{x \in \mathbb{R} : x + x = 2\}$

c) $\{x \in \mathbb{N} : 1 \leq x \leq 4\}$

Esercizio 1.2 *Se è $A = \{2, 4, 6, 8\}$ e $B = \{x \in \mathbb{R} : x > 3\}$, dire quali delle seguenti relazioni sono vere e quali false:*

a) $\{2, 6\} \subset A$

b) $\{11\} \subset B$

c) $\{2, 6, 8, 4\} = A$

d) *Ogni sottoinsieme di A è anche sottoinsieme di B*

Esercizio 1.3 *Sia $A = \{2, 4, 6\}$ e $B = \{1, 2, 3, 4\}$ e $C = [0, 1)$, trovare:*

a) $A \cup B$

b) $A \cap B$

c) $A \cap C$

d) $A - C$

e) $A \cup B \cup C$

f) $A \cap B \cap C$

Esercizio 1.4 *Trovare:*

a) $(1,3) \cap [2,5]$

b) $(1,3) \cup [2,5]$

c) $(1,3) \cap \{1,3\}$

d) $(1,3) \cup \{1,3\}$

e) $(-\infty, 10) \cup \{10\}$

f) $(-\infty, 5] - (3,4)$

Esercizio 1.5 *Servendosi della notazione di intervallo, esprimere i seguenti insiemi:*

a) $\{x \in \mathbb{R} : x < 4\}$

b) $\{x \in \mathbb{R} : -2 < x \le 6\}$

c) $\{x \in \mathbb{R} : x^2 \le 16\}$

d) $\{x \in \mathbb{R} : 9 \le x^2 \le 16\}$

e) $\{x \in \mathbb{R} : x^2 + 7x + 12 \le 0\}$

f) $\{x \in \mathbb{R} : x^2 + 7x + 12 > 0\}$

Esercizio 1.6 *Trovare:*

a) $\{x \in \mathbb{R} : x + 1 < 5\} \cup \{x \in \mathbb{R} : x > 1\}$

b) $\{x \in \mathbb{R} : x^2 - 1 < 0\} \cap [0, +\infty)$

c) $\{x \in \mathbb{R} : |x| < 1\} - (-\infty, 2)$

d) $\{x \in \mathbb{R} : |x - 1| < 3\} \cap \mathbb{N}$

Esercizio 1.7 *Dimostrare che se A, B, C sono tre sottoinsiemi di un insieme non vuoto S, sussistono le seguenti uguaglianze:*

a) $A \cup (B \cap C) = (A \cup B) \cap (A \cup C)$

b) $A \cap (B \cup C) = (A \cap B) \cup (A \cap C)$

c) $A - (B \cup C) = (A - B) \cup (A - C)$

d) $A - (B \cap C) = (A - B) \cup (A - C)$

e) $A - (B - C) = (A - B) \cup (A \cap C)$

f) $(A - B) - C = A - (B \cup C)$

A titolo d'esempio dimostriamo l'uguaglianza f):
Se $x \in (A - B) - C$ segue che:
$$x \in A - B \tag{1.46}$$
e
$$x \notin C \tag{1.47}$$

Da (1.46) segue che:
$$x \in A \tag{1.48}$$
e
$$x \notin B \tag{1.49}$$

Da (1.47) e (1.49) segue che:
$$x \notin B \cup C \tag{1.50}$$

Da (1.48) e (1.50) segue infine che:
$$x \in A - (B \cup C) \tag{1.51}$$

Conclusione:

Ogni elemento di $(A-B)-C$ è anche elemento di $A-(B\cup C)$.

Per poter affermare che la f) è vera, occorre escludere che ad $A-(B\cup C)$ appartenga qualche altro elemento oltre a quelli di $(A-B)-C$.

Per poter provare ciò ragioniamo così:

se $x \in A - (B \cup C)$ segue che:

$$x \in A \tag{1.52}$$

e

$$x \notin B \cup C \tag{1.53}$$

Da (1.53) segue poi che:

$$x \notin B \tag{1.54}$$

e

$$x \notin C \tag{1.55}$$

Da (1.52) e (1.54) segue che:

$$x \in A - B \tag{1.56}$$

da (1.56) e (1.55) segue infine che:

$$x \in (A - B) - C$$

Conclusione:
Ogni elemento di $A-(B\cup C)$ è anche elemento di $(A-B)-C$, pertanto ad $A - (B \cup C)$ appartengono solo gli elementi di $(A-B)-C$ e quindi i due insiemi $(A-B)-C$ e $A-(B\cup C)$ sono uguali.

Esercizi su equazioni, disequazioni e sistemi

Esercizio 1.8 *Risolvere (in $\mathbb{R}$) le seguenti equazioni:*

a) $|1 - 2x| + |3x + 1| = 2$

b) $|2x + 3| = x - 1$

c) $|x - 2| + |x + 2| = 4$

d) $|3x - 5| = |7x - 2|$

e) $\left|\dfrac{x + 2}{2x - 5}\right| = 1$

A titolo d'esempio risolviamo l'equazione b):

$$|2x + 3| = x - 1$$

Tenendo presente la definizione di valore assoluto, si ha:

$$|2x + 3| = \begin{cases} 2x + 3, & \text{se è} \quad 2x + 3 \geq 0 \\ -(2x + 3) & \text{se è} \quad 2x + 3 < 0 \end{cases}$$

e quindi l'insieme A delle soluzioni dell'equazione è costituito dall'insieme unione degli insiemi delle soluzioni dei due sistemi:

$$\begin{cases} 2x + 3 = x - 1 \\ 2x + 3 \geq 0 \end{cases} \quad \text{e} \quad \begin{cases} -(2x + 3) = x - 1 \\ 2x + 3 < 0 \end{cases}$$

Detti rispettivamente A_1 e A_2 gli insiemi delle soluzioni dell'equazione e della disequazione del primo sistema ed A_3 e A_4 quelli del secondo, si ha:

$$A = (A_1 \cap A_2) \cup (A_3 \cap A_4)$$

Passando ai calcoli si ha:

$$\begin{aligned} A_1 &= \{x \in \mathbb{R} : 2x + 3 = x - 1\} = \{x \in \mathbb{R} : 2x - x = -3 - 1\} = \{-4\} \\ A_2 &= \{x \in \mathbb{R} : 2x + 3 \geq 0\} = \{x \in \mathbb{R} : x \geq -\tfrac{3}{2}\} = [-\tfrac{3}{2}, +\infty) \\ A_1 &\cap A_2 = \emptyset \\ A_3 &= \{x \in \mathbb{R} : -(2x + 3) = x - 1\} = \{x \in \mathbb{R} : 2x + 3 = -x + 1\} = \{-\tfrac{2}{3}\} \\ A_4 &= \{x \in \mathbb{R} : 2x + 3 < 0\} = \{x \in \mathbb{R} : x < -\tfrac{3}{2}\} = (-\infty, -\tfrac{3}{2}) \\ A_3 &\cap A_4 = \emptyset \\ A &= \emptyset \cup \emptyset = \emptyset \quad \text{pertanto l'equazione non ha soluzioni.} \end{aligned}$$

Esercizio 1.9 *Risolvere (in $\mathbb{R}$) le seguenti disequazioni:*

a) $3x - 2 < 5$

b) $-2x + \frac{7}{3} < x + 4$

c) $2x - 7 < 5 - x$

d) $|x - 1| < 1/2$

e) $|x - \frac{1}{2}| < 1$

f) $|x - 2| < 0,1$

g) $|2x + 5| < 3$

h) $|3 - 7x| \leq 6$

i) $|3x - 1| < 2x + 5$

l) $|x - 1| + |x - 2| \geq 1$

m) $|x + 1| + |x - 1| \leq 2$

n) $|x + 3| \leq |2x - 6|$

Esercizio 1.10 *Risolvere (in $\mathbb{R}$) i seguenti sistemi di disequazioni:*

1)
$$\begin{cases} 2x - 7 < 5 - x \\ 3 - 4x < \dfrac{5}{3} \end{cases}$$

2)
$$\begin{cases} 3x - 8 < 5(2 - x) \\ 2(3x - 4) < 5 + x \end{cases}$$

3)
$$\begin{cases} \dfrac{2x + 6}{3} - \dfrac{x}{4} < 5 \\ 15 - 3x < 4 + 2x \end{cases}$$

4)
$$\begin{cases} 3 - 6x \leq 2(x+5) \\ 7(2-x) \leq 3x+8 \end{cases}$$

Risolviamo a titolo d'esempio il sistema 4):

$$\begin{cases} 3 - 6x \leq 2(x+5) \\ 7(2-x) \leq 3x+8 \end{cases}$$

$$\begin{aligned}
A_1 &= \{x \in \mathbb{R} : 3 - 6x \leq 2(x+5)\} = \{x \in \mathbb{R} : 3 - 6x \leq 2x + 10\} = \\
&= \{x \in \mathbb{R} : -8x \leq 7\} = \{x \in \mathbb{R} : x \geq -7/8\} = [-7/8, +\infty) \\
A_2 &= \{x \in \mathbb{R} : 7(2-x) \leq 3x+8\} = \{x \in \mathbb{R} : -7x - 3x \leq -14 + 8\} = \\
&= \{x \in \mathbb{R} : -10x \leq -6\} = \{x \in \mathbb{R} : 10x \geq 6\} = [3/5, +\infty) \\
A &= A_1 \cap A_2 = [\tfrac{3}{5}, +\infty)
\end{aligned}$$

Esercizi sulla limitatezza degli insiemi

Esercizio 1.11 *Dire se i seguenti insiemi sono limitati e trovarne gli estremi:*

a) $\{5\}$

b) $\{1, 2, 7, 28\}$

c) $(-3, 8) \cup (10, 27)$

d) $(3, 7) \cup [8, 11]$

e) $\{x \in \mathbb{R} : x = 3 + \frac{1}{n}, \text{ con } n \in \mathbb{N}\}$

f) $\{x \in \mathbb{R} : x = \frac{(-1)^n}{n^2}, \text{ con } n \in \mathbb{N}\}$

g) $\{x \in \mathbb{R} : x = \frac{(-1)^n}{(n^2+n)}, \; con \; n \in \mathbb{N}\}$

h) $\{x \in \mathbb{R} : x = (-1)^n \cdot \frac{(2n+1)}{2n}, \; con \; n \in \mathbb{N}\}$

Esercizio 1.12 *Sia A un insieme non vuoto di numeri reali. Se è $\lambda_A = a$, dire se la seguente affermazione:*

$$\forall \, \varepsilon > 0 \implies \frac{(a+\varepsilon)}{2} \in A$$

è vera qualunque sia A, falsa qualunque sia A, l'essere vera o falsa dipende dall'insieme A.

Esercizio 1.13 *Sia A un insieme non vuoto di numeri reali. Se è $\lambda_A = a$, dire se la seguente affermazione:*

$$a+4 \quad \text{è un maggiorante di } A$$

è vera qualunque sia A, falsa qualunque sia A, l'essere vera o falsa dipende dall'insieme A.

Esercizio 1.14 *Siano A e B due insiemi non vuoti di numeri reali. Se è $\lambda_A = \lambda_B$ e $\Lambda_A = \Lambda_B$, dire quali delle seguenti affermazioni sono vere e quali false:*

$$A = B \; ; \quad A \subset B \; ; \quad B \subset A \; ; \quad A \cap B \neq \emptyset$$

Esercizi sul piano cartesiano

Esercizio 1.15 *Dato il punto $P(1,3)$, dire quali sono le coordinate dei punti simmetrici di P rispetto all'asse delle x, all'asse delle y e rispetto all'origine.*

Esercizio 1.16 *Dire se esiste qualche punto del piano che coincide con i suoi simmetrici rispetto all'asse delle x, all'asse delle y ed all'origine.*

Esercizio 1.17 *Calcolare la distanza tra i punti $P(1,2)$ e $Q(2,5)$.*

Esercizio 1.18 *Calcolare la distanza che il punto $P(1,3)$ ha dall'origine.*

Esercizio 1.19 *Scrivere l'equazione della circonferenza di centro $C(1,-1)$ e raggio $r = 2$. Dire inoltre se i punti $P(0,-1)$, $Q(1,2)$, $R(-3,4)$ sono "interni", "esterni" o appartengono a detta circonferenza.*

Esercizi sull'equazione della retta

Esercizio 1.20 *Scrivere l'equazione della retta determinata dai punti $P_1(1,1)$ e $P_2(2,3)$.*

Esercizio 1.21 *Dire se i tre punti $P_1(1,1), P_2(2,3)$ e $P_3(-1,4)$ appartengono ad una stessa retta.*

Esercizio 1.22 *Scrivere l'equazione della retta che passa per il punto $P_0(1,2)$ ed è parallela alla retta di equazione $2x - 3y + 1 = 0$.*

Esercizio 1.23 *Scrivere l'equazione della retta che passa per il punto origine ed è perpendicolare alla retta di equazione $3x - y + 5 = 0$*

Esercizio 1.24 *Calcolare il coefficiente angolare dell retta di equazione $3x + y - 7 = 0$*

Esercizio 1.25 *Dire se due rette che non sono parallele possono avere lo stesso coefficiente angolare.*

Esercizio 1.26 *Scrivere l'equazione della retta che passa per il punto $P_0(-1,3)$ ed ha coefficiente angolare $m = -3$.*

Esercizio 1.27 *Dire per quale (o quali) valore (o valori) del parametro k, l'equazione $(2-k)x + ky + (1-k) = 0$ rappresenta:*

  a) *una retta parallela all'asse delle ascisse*

  b) *una retta parallela all'asse delle ordinate*

  c) *una retta che passa per l'origine*

  d) *una retta parallela a quella di equazione $x + y = 0$*

  e) *una retta perpendicolare a quella di equazione $3x - y + 5 = 0$*

  f) *una retta che passa per il punto $P_0(1,-1)$*

Risolviamo a titolo d'esempio l'esercizio 1.23:

L'equazione $-x - 3y + c = 0$ è l'equazione di una qualunque retta perpendicolare alla retta data.
L'equazione della retta cercata è $x + 3y = 0$.

Risposte agli esercizi del Capitolo 1

Esercizi sugli insiemi

Risposta 1.1

- a) $\emptyset$
- b) $\{1\}$
- c) $\{1, 2, 3, 4\}$

Risposta 1.2

- a) Vera
- b) Vera
- c) Vera
- d) Falsa

Risposta 1.3

- a) $A \cup B = \{1, 2, 3, 4, 6\}$
- b) $A \cap B = \{2, 4\}$
- c) $A \cap C = \emptyset$

d) $A - C = A$

e) $A \cup B \cup C = [0, 1) \cup \{1, 2, 3, 4, 6\}$

f) $A \cap B \cap C = \emptyset$

Risposta 1.4

a) $[2, 3)$

b) $(1, 5]$

c) $\emptyset$

d) $[1, 3]$

e) $(-\infty, 10]$

f) $(-\infty, 3] \cup [4, 5]$

Risposta 1.5

a) $(-\infty, 4)$

b) $(-2, 6]$

c) $[-4, 4]$

d) $[-4, -3] \cup [3, 4]$

e) $[-4, -3]$

f) $(-\infty, -4) \cup (-3, +\infty)$

Risposta 1.6

a) $(-\infty, +\infty)$

b) $[0, 1)$

c) $\emptyset$

d) $\{1, 2, 3\}$

Esercizi su equazioni, disequazioni e sistemi

Risposta 1.8

a) $\{0, -2/5\}$

b) $\emptyset$

c) $[-2, 2]$

d) $\{-3/4, 7/10\}$

e) $\{1, 7\}$

Risposta 1.9

a) $(-\infty, 7/3)$

b) $(-5/9, +\infty)$

c) $(-\infty, 4)$

d) $(1/2, 3/2)$

e) $(-1/2, 3/2)$

f) $(19/10, 21/10)$

g) $(-4, -1)$

h) $[-3/7, 9/7]$

i) $(-4/5, 6)$

l) $(-\infty, +\infty)$

m) $[-1, 1]$

n) $(-\infty, 1] \cup [9, +\infty)$

Risposta 1.10

a) $(1/3, 4)$

b) $(-\infty, 9/4)$

c) $(11/5, 36/5)$

d) $[7/8, +\infty)$

Esercizi sulla limitatezza degli insiemi

Risposta 1.11

a) $\lambda = \Lambda = 5$

b) $\lambda = 1$, $\Lambda = 28$

c) $\lambda = -3$, $\Lambda = 27$

d) $\lambda = 3$, $\Lambda = 11$

e) $\lambda = 3$, $\Lambda = 4$

f) $\lambda = -1$, $\Lambda = 1/4$

g) $\lambda = -1/2$, $\Lambda = 1/6$

h) $\lambda = -3/2$, $\Lambda = 5/4$

Risposta 1.12

Dipende da A

Risposta 1.13

Dipende da A

Risposta 1.14

$A = B$ falsa, $A \subset B$ falsa, $B \subset A$ falsa, $A \cap B \neq \emptyset$ vera.

Esercizi sul piano cartesiano

Risposta 1.15

$P_1(1, -3)$ (simmetrico rispetto all'asse delle x);
$P_2(-1, 3)$ (simmetrico rispetto all'asse delle y);
$P_3(-1, -3)$ (simmetrico rispetto ad O).

Risposta 1.16

Si, il punto O.

Risposta 1.17

$\sqrt{10}$.

Risposta 1.18

$\sqrt{10}$.

Risposta 1.19

$x^2 + y^2 - 2x + 2y - 2 = 0$; P è interno ; Q è esterno ; R è esterno.

Esercizi sull'equazione della retta

Risposta 1.20

$2x - y - 1 = 0$.

Risposta 1.21

   No.

Risposta 1.22

   $2x - 3y + 4 = 0.$

Risposta 1.23

   $x + 3y = 0.$

Risposta 1.24

   $m = -3.$

Risposta 1.25

   No.

Risposta 1.26

   $y = -3x.$

Risposta 1.27

   a) $k = 2$

   b) $k = 0$

   c) $k = 1$

   d) $k = 1$

   e) $k = \dfrac{3}{2}$

   f) $k = 1$

Capitolo 2

Le funzioni

In questo capitolo daremo il concetto di funzione soffermandoci dettagliatamente sulle funzioni reali di una variabile reale.

2.1 Concetto di funzione

Il concetto di funzione, come quello di insieme, viene assunto come primitivo (cioè come intuitivo) e quindi non viene definito. L'unica precisazione che facciamo è che per assegnare una funzione occorrono "tre cose":

- un *insieme* non vuoto A

- un *insieme* non vuoto B

- una *legge di associazione* f la quale ad *ogni* elemento di A faccia corrispondere un *solo elemento* di B.

Una suggestiva rappresentazione geometrica di una funzione si costruisce disegnando i diagrammi di Venn di A e di B ed unendo poi gli elementi di A e di B che si corrispondono mediante un *arco di curva* frecciato da A verso B.

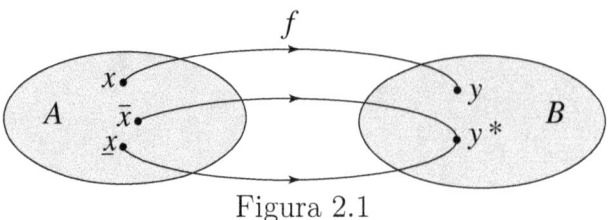

Figura 2.1

Tale rappresentazione si chiama *grafo della funzione*.

Prima di analizzare il concetto di funzione, diamo un po' di nomi ed introduciamo qualche simbolo.

L'insieme A si chiama *dominio* della funzione, mentre l'insieme B, *insieme di arrivo*[1].

Ogni elemento $x \in A$ si chiama *oggetto* o anche *argomento*, mentre l'elemento $y \in B$ che gli corrisponde, *immagine* di x e si denota con il simbolo $f(x)$, che si legge "effe di x".

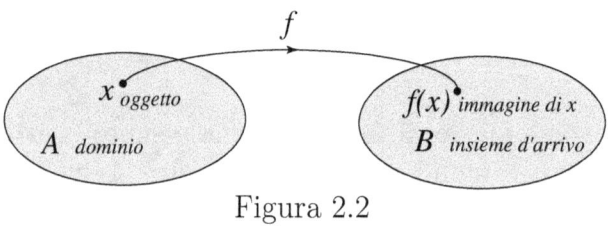

Figura 2.2

La funzione poi viene in generale denotata così:

$$f: A \longrightarrow B$$

o più semplicemente con la sola lettera f se dal contesto del discorso, si capisce quali sono A e B.

Passiamo ora ad analizzare il concetto di funzione.

---

[1] Può sembrare strano che vi sia un *insieme d'arrivo* senza esserci un *insieme di partenza*! Tale difformità di linguaggio scompare, vale a dire esiste anche un insieme di partenza, se si riguarda la funzione come una particolare relazione o corrispondenza tra due insiemi (non vuoti). Qui abbiamo preferito, per brevità, introdurre il concetto di funzione come primitivo.

2.2 Analisi del concetto di funzione

Osserviamo che:

1) Nell'illustrare il concetto di funzione non abbiamo fatto alcuna ipotesi né sulla natura degli elementi di A né su quella degli elementi di B. L'unica cosa richiesta è che A e B non siano vuoti. Secondo la natura degli elementi di A e di B, le funzioni prendono poi nomi differenti.

    Se è $A \subseteq \mathbb{R}$ e $B = \mathbb{R}$ esse prendono il nome di **funzioni reali di una variabile reale**; in questo libro ci occuperemo esclusivamente di esse.

    Poiché tutte le funzioni reali di una variabile reale hanno lo stesso insieme d'arrivo: $B = \mathbb{R}$, per assegnarne una, basta dare quindi il *dominio A* e la *legge di associazione f* e, per denotarla, alla scrittura $f : A \longrightarrow B$, si preferisce quest'altra:

$$f: \quad y = f(x) \quad , \quad x \in A \subseteq \mathbb{R}$$

nella quale appunto non compare l'insieme B, che è uguale per tutte.

Diamo intanto due esempi di funzioni reali di una variabile reale.

Esempio 2.1

$$f: \quad y = f(x) = x^2 \quad , \quad x \in A = [1, 15]$$

Il dominio A è l'intervallo $[1, 15]$; la legge di associazione f consiste nell'assegnare ad ogni elemento $x \in [1, 15]$, come immagine $f(x)$, il suo quadrato.

Così l'immagine del numero 1 è $f(1) = 1^2 = 1$; quella del numero 3 è $f(3) = 3^2 = 9$, ecc...

Qui la legge di associazione f è espressa dalla formula: $y = x^2$.

Esempio 2.2

$$f: \quad y = f(x) = \begin{cases} x^2 & x \in [-3, 0] \\ \frac{1}{x} & x \in (0, 8] \end{cases}$$

Il dominio A è l'insieme $[-3, 0] \cup (0, 8] = [-3, 8]$; *la legge di associazione f consiste nell'assegnare ad ogni elemento* $x \in [-3, 0]$, *come immagine* $f(x)$, *il suo quadrato; mentre ad ogni elemento* $x \in (0, 8]$, *il suo reciproco. Così l'immagine del numero* -2 *è* $f(-2) = (-2)^2 = 4$; *quella del numero* 5 *è* $f(5) = 1/5$, *ecc...*
Qui, contrariamente a ciò che avviene nell'esempio precedente, la legge di associazione è espressa da due formule distinte: $y = x^2$ *e* $y = \frac{1}{x}$.

2) Mentre ogni elemento $x \in A$ ha una sola immagine $f(x)$, preso un elemento $y \in B$, tre situazioni sono a priori possibili:

   * y è *immagine* di un *solo elemento* $x \in A$
   * y è *immagine* di *più elementi* $x \in A$
   * y *non è immagine* di *alcun elemento* $x \in A$

L'insieme degli elementi $y \in B$ che verificano la prima o la seconda situazione, si chiama *codominio* della funzione e viene denotato con il simbolo $f(A)$ che si legge "effe di A".
È facile convincersi che tra gli insiemi $f(A)$ e B sussiste la relazione:

$$f(A) \subseteq B$$

Quanto abbiamo detto, in termini di grafo, significa: mentre da *ogni* elemento $x \in A$ parte un *solo arco*, vi sono elementi $y \in B$ dove termina un *solo* arco, altri dove terminano *più* archi ed altri ancora dove non ne termina *nessuno*; $f(A)$ è appunto l'insieme degli elementi di B dove termina *almeno* un arco:

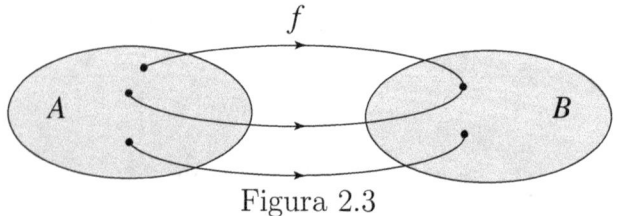

Figura 2.3

§ 2.2 Analisi del concetto di funzione

Se *tutti* gli elementi $x \in A$ hanno la *stessa immagine*, cioè se il codominio $f(A)$ è costituito da un *solo* elemento, si dice che la funzione è una *funzione costante*:

$$f: \quad y = f(x) = k \quad , \quad x \in A \subseteq \mathbb{R} \quad , \quad \text{con} \quad k \in B = \mathbb{R}$$

Se invece *elementi distinti* di A hanno *immagini distinte*, cioè se:

$$\forall \, x_1, x_2 \in A \text{ da } x_1 \neq x_2 \Longrightarrow f(x_1) \neq f(x_2)$$

si dice che la funzione è una *funzione invertibile*.

Nel grafo di una *funzione costante* tutti gli archi terminano in uno stesso elemento $k \in B$:

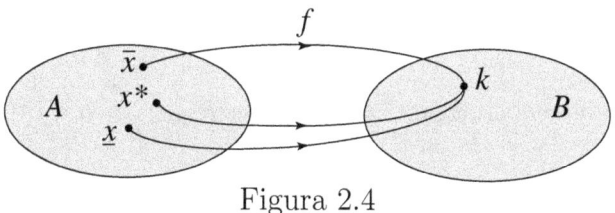

Figura 2.4

mentre in quello di una *funzione invertibile*, in ogni elemento di B termina al *più* un arco:

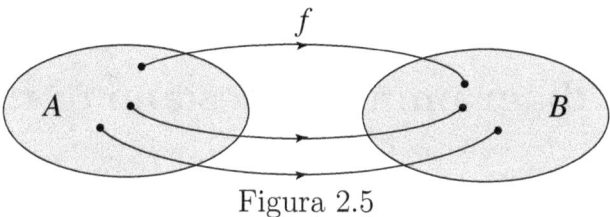

Figura 2.5

3) Date due funzioni:

$$\begin{array}{lll} f & : y = f(x) & x \in A \subseteq \mathbb{R} \quad , \\ f' & : y = f'(x) & x \in A' \subseteq \mathbb{R} \quad , \end{array}$$

se è $f = f'$ ed $A' \subset A$, si dice che f' è una *restrizione* di f ed esattamente che f' è la restrizione di f avente per dominio il sottoinsieme A' di A.

Ogni funzione f ammette quindi una restrizione per ogni sottoinsieme A' del suo dominio A, purché naturalmente sia $A' \neq \emptyset$ ed $A' \neq A$.

Diamo infine alcuni esempi di funzioni ed invitiamo lo Studente a riconoscere quali di esse sono restrizioni di altre.

$$f_1 \;:\; y = f_1(x) = \begin{cases} x^2 &,\; x \in [-10, 0] \\ \frac{1}{x} &,\; x \in (0, 25] \end{cases}$$

$$f_2 \;:\; y = f_2(x) = \tfrac{1}{x} \qquad,\; x \in (0, 25]$$
$$f_3 \;:\; y = f_3(x) = x^2 \qquad,\; x \in (-10, 0]$$
$$f_4 \;:\; y = f_4(x) = x^2 \qquad,\; x \in (-500, 48]$$

Se lo Studente ha ragionato correttamente deve essere arrivato a queste conclusioni:

f_2 e f_3 sono entrambe restrizioni di f_1; f_3 è poi anche restrizione di f_4.

Nel seguito avremo spesso occasione di trattare con restrizioni, diamo intanto alcuni concetti legati a quello di funzione, cominciando con quelli di *grafico* e di *diagramma cartesiano*.

2.3 Grafico e diagramma cartesiano di una funzione

Data una funzione (reale di una variabile reale):

$$f \;:\; y = f(x) \quad,\quad x \in A \subseteq \mathbb{R}$$

fissiamo un elemento $x \in A$ e consideriamo la coppia ordinata $(x, f(x))$; quest'ultima è un elemento di $\mathbb{R}^2$.

§ 2.3 Grafico e diagramma cartesiano di una funzione

> **L'insieme di tutte le coppie ordinate $(x, f(x))$, ottenute al variare di x in A, si chiama *grafico* della funzione f e si denota con G_f; in simboli:**

$$G_f = \{(x, y) \in \mathbb{R}^2 : x \in A \ ; \ y = f(x)\} \qquad (2.1)$$

Le conseguenze immediate di tale definizione sono:

1) G_f è sottoinsieme di $\mathbb{R}^2$: $G_f \subset \mathbb{R}^2$

2) a G_f *non possono appartenere* coppie ordinate con i *primi elementi uguali* tra loro, altrimenti uno stesso oggetto avrebbe più immagini.

3) a G_f *possono appartenere* coppie ordinate con i *secondi elementi uguali* tra loro; alla legge di associazione di una funzione non si richiede infatti che assegni immagini distinte ad oggetti distinti. Se f è *costante*, tutte le coppie di G_f hanno i secondi elementi uguali tra loro; se f è invece *invertibile*, tutte le coppie di G_f hanno, oltre ai primi, anche i secondi elementi delle coppie distinti fra loro.

4) Se di una funzione f si conosce il grafico G_f, si conosce la funzione stessa:

    – gli elementi di ciascuna coppia sono rispettivamente oggetto ed immagine, quindi è nota la legge di associazione.
    – il dominio è costituito dai primi elementi delle coppie.
    – il codominio è costituito dai secondi elementi delle coppie.

Dall'ultima osservazione fatta discende un criterio di uguaglianza per le funzione reali di una variabile reale:

> ***Condizione necessaria e sufficiente*** affinché due funzioni (reali di una variabile reale) siano *uguali* è che abbiano lo *stesso grafico*.

Poiché, con la definizione di grafico, abbiamo associato ad ogni funzione f un sottoinsieme non vuoto G_f di $\mathbb{R}^2$, è allora naturale chiedersi; vale il viceversa?
Cioè, dato un sottoinsieme non vuoto G di $\mathbb{R}^2$, esiste una funzione f di cui G sia il grafico?
La risposta è immediata:

> esiste se a G non appartengono coppie con i primi elementi uguali tra loro.

Concludendo possiamo dire:

> mentre ad ogni funzione f *corrisponde* un sottoinsieme non vuoto G_f di $\mathbb{R}^2$, ad ogni sottoinsieme non vuoto G di $\mathbb{R}^2$ *non corrisponde sempre* una funzione f; gli corrisponde *se e solo se* a G non appartengono coppie con i primi elementi uguali tra loro.

Poiché il grafico G_f (di una funzione f) è un sottoinsieme (non vuoto) di $\mathbb{R}^2$, può quindi essere rappresentato mediante un "disegno" in un piano cartesiano:

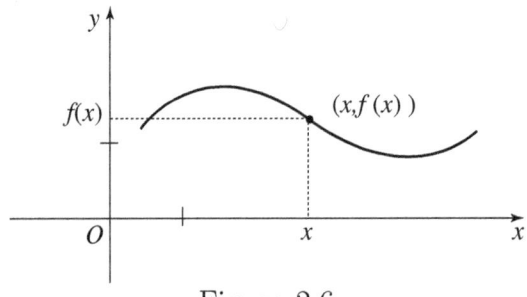

Figura 2.6

che prende il nome di *diagramma cartesiano* della funzione. Nel seguito, per brevità, diremo spesso "diagramma" invece di "diagramma cartesiano".
Le proiezioni (ortogonali) del diagramma cartesiano sugli assi sono rispettivamente le rappresentazioni geometriche (cartesiane) del dominio A e del codominio $f(A)$.

La definizione di diagramma cartesiano ci suggerisce quest'altra domanda:

> Dato un "disegno" E in un piano cartesiano, è possibile riguardarlo come diagramma cartesiano di una funzione? Esiste cioè una funzione f il cui diagramma cartesiano sia E?

Andiamo a vedere!

2.4 Quando un disegno in un piano cartesiano è un diagramma cartesiano

Poiché al grafico G_f di una funzione f non possono appartenere coppie con i primi elementi uguali tra loro, al suo diagramma cartesiano non possono appartenere punti aventi la stessa ascissa.
Da questa proprietà dei diagrammi cartesiani segue un criterio geometrico molto semplice per decidere quando un dato disegno E in un piano cartesiano è diagramma cartesiano (di una funzione); precisamente possiamo dire:

> **Un disegno E in un piano (cartesiano) è diagramma cartesiano di una funzione *se e solo se* qualunque retta parallela all'asse delle ordinate "taglia" il disegno E al più in un punto.**

Diamo alcuni disegni E in un piano cartesiano ed invitiamo lo Studente a riconoscere quali di essi sono diagrammi cartesiani di funzioni:

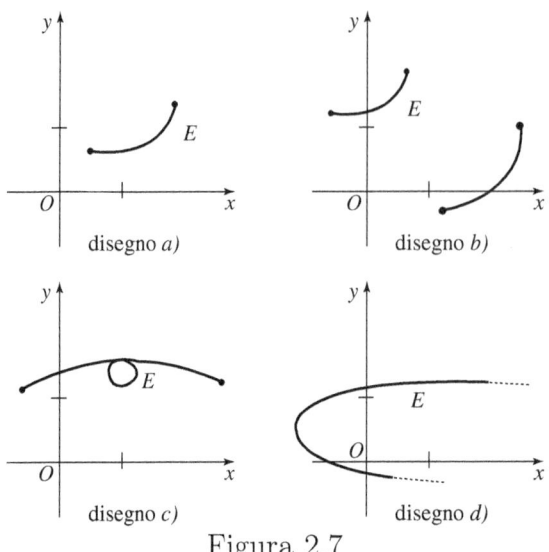
Figura 2.7

Se lo Studente ha ragionato correttamente deve essere giunto alle seguenti conclusioni:

I disegni a) e b) sono diagrammi cartesiani di funzioni mentre i disegni c) e d) no.

★ *Domanda*: Una circonferenza, una semicirconferenza possono essere diagrammi cartesiani?
Discuta le conclusioni a cui è arrivato con qualcuno.

★ *Domanda*: Che particolarità hanno i diagrammi cartesiani delle *funzioni costanti* e delle *funzioni invertibili*? È certo che i diagrammi delle prime sono rette parallele all'asse delle ascisse?
Rifletta e discuta!

★ *Domanda*: Che relazioni esistono tra i diagrammi delle restrizioni di una funzione e quello della funzione stessa? Tra i grafici? Tra i codomini? Continui a riflettere e non eviti la discussione!

Se non afferra il senso delle domande, ricominci a leggere da capo con maggiore attenzione.

Prima di dare altri concetti relazionati con quello di funzione, segnaliamo alcune categorie di funzioni.

2.5 Funzioni pari, dispari, periodiche e monotòne

Andiamo in ordine con le definizioni!

Definizione di funzione pari
Si dice che una funzione $f: y = f(x), x \in A \subseteq \mathbb{R}$ **è una** *funzione pari* **se:**

I) il dominio A è simmetrico rispetto allo zero, cioè se ad esso appartiene un numero x, appartiene anche il numero $-x$.

II) oggetti opposti x e $-x$ hanno la stessa immagine, cioè
$f(x) = f(-x)$.

Una funzione pari quindi, verifica due ipotesi: una il suo *dominio* e l'altra la sua *legge d'associazione*.

Tenendo presente la definizione di diagramma cartesiano è facile convincersi che quest'ultimo è *simmetrico* rispetto all'asse delle ordinate.

Per fissare le idee, riportiamo due diagrammi di funzioni pari.

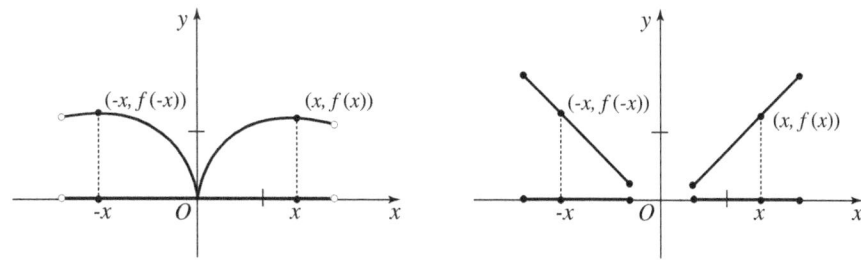

Figura 2.8

Diamo ora alcuni esempi di funzioni ed invitiamo lo Studente a riconoscere quali di esse sono pari:

$$f_1 \; : \; y = f_1(x) = x^2 \; , \quad x \in A_1 = [-3, 3]$$
$$f_2 \; : \; y = f_2(x) = x^2 \; , \quad x \in A_2 = [-3, -2) \cup (2, 3]$$
$$f_3 \; : \; y = f_3(x) = x^2 \; , \quad x \in A_3 = (-5, +\infty)$$
$$f_4 \; : \; y = f_4(x) = x^3 \; , \quad x \in A_4 = (-5, 5)$$

Se ha ragionato correttamente deve aver concluso che f_1 e f_2 sono funzioni pari; f_3 non è pari "per colpa" del dominio; f_4 non è pari "per colpa" della legge di associazione.

Definizione di funzione dispari
Si dice che una funzione $f: \; y = f(x), x \in A \subseteq \mathbb{R}$ **è una *funzione dispari* se:**

I) il dominio A è simmetrico rispetto allo zero, cioè se ad esso appartiene il numero x, appartiene anche $-x$.

II) oggetti opposti: x e $-x$ hanno immagini opposte, cioè
$$f(x) = -f(-x).$$

Una funzione dispari pertanto verifica anche essa due ipotesi: una il suo *dominio* e l'altra la sua *legge di associazione*.

È facile convincersi che questa volta il diagramma cartesiano è *simmetrico* rispetto all'origine del sistema di coordinate.

Riportiamo qui il diagramma di una funzione dispari.

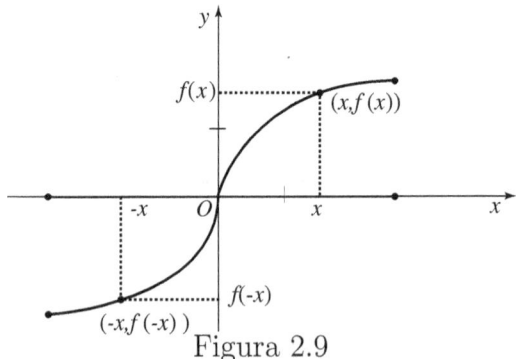

Figura 2.9

§ 2.5 Funzioni pari, dispari, periodiche e monotòne

Definizione di funzione periodica
Si dice che una funzione $f: y = f(x), x \in A \subseteq \mathbb{R}$ è una *funzione periodica* di *periodo* T se:

I) il dominio A è illimitato.

II) da $x \in A$ segue $x + T \in A$.

III) $\forall \ x \in A \Longrightarrow f(x) = f(x+T)$

È facile convincersi che se una funzione è periodica di periodo T, lo è anche di periodo $2T, 3T, \ldots, kT, \ldots$ qualunque sia $k \in \mathbb{Z} - \{0\}$.

Nel seguito chiameremo *periodo* di una funzione periodica, il "più piccolo" numero positivo T che verifica l'ipotesi III).

Nel prossimo capitolo incontreremo tante funzioni periodiche e quindi prenderemo dimestichezza con tale definizione. Per il momento ci limitiamo a mostrare il diagramma cartesiano di una funzione periodica:

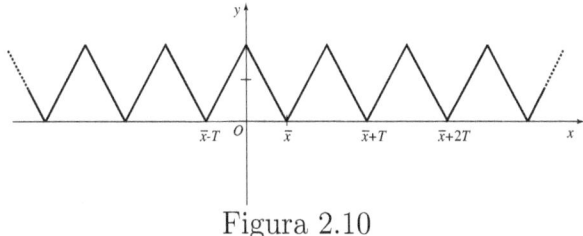

Figura 2.10

Prima di proseguire, invitiamo lo Studente a valutare la sua preparazione, rispondendo ai seguenti quesiti:

- Una funzione pari può essere invertibile? Ed una funzione dispari? Ed una funzione periodica?

- Può esistere una funzione pari e periodica?
  Discuta con qualcuno le conclusioni alle quali è arrivato.

Ci chiediamo ora:

- A che servono le definizioni di funzioni pari, dispari, periodica?
  Bene, servono a risparmiare lavoro!

Se dobbiamo infatti disegnare il diagramma di una funzione
$$f : y = f(x), x \in A \subseteq \mathbb{R}$$
ed abbiamo costatato che f è *pari* o *dispari*, è sufficiente disegnare il diagramma della sua restrizione avente per dominio $A' = A \cap [0, +\infty)$ e poi completarlo sfruttandone la simmetria rispetto all'asse delle y o rispetto all'origine O (del sistema di coordinate).

Se invece abbiamo costatato che f è *periodica* di periodo T, è sufficiente fissare un punto $x_0 \in \mathbb{R}$, disegnare il diagramma della funzione avente per dominio $A' = A \cap [x_0, x_0 + T)$ ed infine traslare il disegno fatto lungo l'asse delle x.

Parliamo infine delle *funzioni monotòne*. Le funzioni monotòne possono essere:

* *monotòne crescenti*

* *monotòne non decrescenti*

* *monotòne decrescenti*

* *monotòne non crescenti*

Abbiamo le seguenti definizioni che esprimiamo direttamente in simboli:

Definizione delle funzioni monotòne
 – f è **monotòna *crescente*** se: $\forall \ x_1, x_2 \in A$ **da**
$x_1 < x_2 \Rightarrow f(x_1) < f(x_2)$
 – f è **monotòna *non decrescente*** se: $\forall \ x_1, x_2 \in A$ **da**
$x_1 < x_2 \Rightarrow f(x_1) \leq f(x_2)$
 – f è **monotòna *decrescente*** se: $\forall \ x_1, x_2 \in A$ **da**
$x_1 < x_2 \Rightarrow f(x_1) > f(x_2)$
 – f è **monotòna *non crescente*** se: $\forall \ x_1, x_2 \in A$ **da**
$x_1 < x_2 \Rightarrow f(x_1) \geq f(x_2)$

Come si riflette sul (suo) diagramma il fatto che una funzione sia monotòna?

È facile immaginarlo!
Osservi i seguenti diagrammi cartesiani:

§ 2.5 *Funzioni pari, dispari, periodiche e monotòne* 81

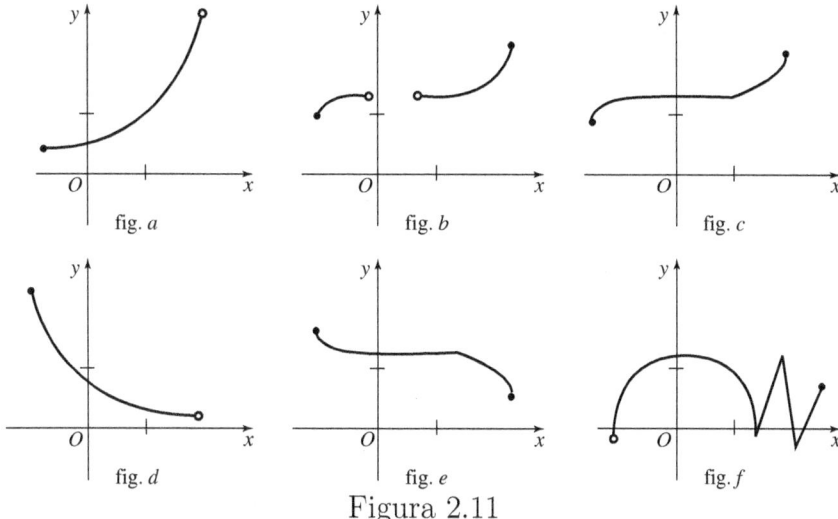

Figura 2.11

e si convinca che quelli di fig. a) e fig. b) sono diagrammi cartesiani di funzioni *monotòne crescenti*; quello di fig. c), di una funzione *monotòna non decrescente*; quello di fig. d), di una funzione *monotòna decrescente*; quello di fig. e), di una funzione *monotòna non crescente* ed infine quello di fig. f) di una funzione *non monotòna*.

Osservando il diagramma di fig. f), si è portati a pensare che se una funzione f non è monotòna ha comunque delle *restrizioni* aventi per dominio un intervallo, che lo sono.

La seguente funzione (funzione di Dirichlet)

$$f: y = f(x) = \begin{cases} 1 & , \quad x \in \mathbb{Q} \\ 0 & , \quad x \in \mathbb{R} - \mathbb{Q} \end{cases}$$

ci invita alla cautela.

Perché? Lo pensi e concluda!

Riprendiamo a dare i concetti connessi con quello di funzione cominciando dal concetto di *immagine inversa di un numero*.

2.6 Immagine inversa di un numero

Definizione di immagine inversa
Data una funzione reale di una variabile reale $f : y = f(x)$, $x \in A \subseteq \mathbb{R}$ e fissato un numero $b \in \mathbb{R}$ (insieme d'arrivo), si chiama *immagine inversa di* b e si denota con $f^{-1}(b)$, l'insieme di tutti gli $x \in A$ che hanno per immagine b; in simboli:

$$f^{-1}(b) = \{x \in A : f(x) = b\} \qquad (2.2)$$

L'insieme $f^{-1}(b)$ è definito per comprensione; la proprietà che lo caratterizza: $f(x) = b$, si chiama *equazione*, il numero b, *termine noto dell'equazione* e gli elementi di $f^{-1}(b)$, soluzioni dell'equazione $f(x) = b$. Le conseguenze immediate della definizione di $f^{-1}(b)$ sono:

- se è $f(A) = \mathbb{R}$, qualunque $b \in \mathbb{R}$ ha immagine inversa non vuota.

- se è $f(A) \subset \mathbb{R}$, qualunque $b \in f(A)$ ha immagine inversa non vuota, mentre, se è invece $b \in \mathbb{R} - f(A)$ allora risulta $f^{-1}(b) = \emptyset$.

Quanto abbiamo detto risulta intuitivo osservando il grafo della funzione:

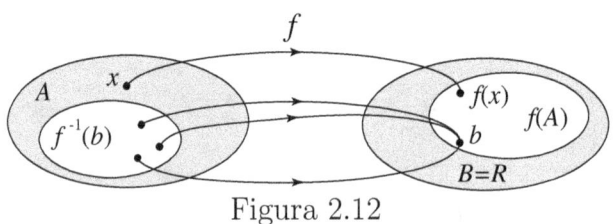

Figura 2.12

Se di una funzione f conosciamo il diagramma cartesiano, è facile trovare, qualunque sia il numero b che si fissi, $f^{-1}(b)$. Basta infatti rappresentare b con un punto dell'asse delle ordinate e disegnare la retta di equazione $y = b$.
Se è $b \notin f(A)$, allora la retta di equazione $y = b$ "non taglia" il diagramma della funzione e $f^{-1}(b) = \emptyset$.

§ 2.7 Un metodo per trovare il codominio di una funzione   83

Se è invece $b \in f(A)$, allora la retta di equazione $y = b$ "taglia" il diagramma della funzione e le ascisse dei punti d'intersezione sono appunto gli elementi di $f^{-1}(b)$, cioè le soluzioni dell'equazione $f(x) = b$.

Se il diagramma in questione è ad esempio:

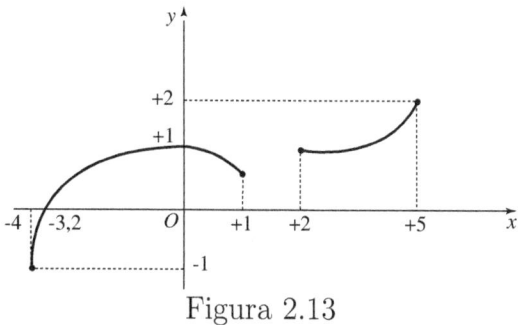

Figura 2.13

risulta chiaro che:

$$f^{-1}(3) = \emptyset \ , \ f^{-1}(1) = \{0, 2\} \ , \ f^{-1}(2) = \{5\} \ , \ f^{-1}(-1) = \{-4\}$$

Se $0 \in f(A)$ allora $f^{-1}(0) \neq \emptyset$ e gli elementi di $f^{-1}(0)$ si chiamano *zeri della funzione*. La funzione il cui diagramma è quello della figura, ha *un solo zero*: $-3, 2$.

2.7 Un metodo per trovare il codominio di una funzione

Il concetto di immagine inversa di un numero ci suggerisce un metodo, concettualmente molto semplice, per trovare il codominio di una funzione assegnata:

$$f;\ y = f(x) \ , \quad x \in A \subseteq \mathbb{R}$$

Tale metodo consiste nel trovare i valori di b per cui l'equazione $f(x) = b$ ammette soluzioni in A; tali valori di b costituiscono appunto il codominio $f(A)$ cercato.

Chiariamoci le idee con due esempi.

Esempio 2.3 *Supponiamo di voler trovare il codominio della funzione*

$$f: y = f(x) = x^2 - 1 \quad , \quad x \in A = \mathbb{R} \tag{2.3}$$

l'equazione $f(x) = b$ nel nostro caso è:

$$x^2 - 1 = b \tag{2.4}$$

Essa ammette soluzioni in $\mathbb{R}$ e quindi in A, essendo $A = \mathbb{R}$, se è $b+1 \geq 0$ cioè se è $b \geq -1$.
Conclusione: il codominio della funzione è:

$$f(A) = \{b \in \mathbb{R} : b \geq -1\} = [-1, +\infty)$$

Se invece della funzione (2.3), avessimo la sua restrizione:

$$f: y = f(x) = x^2 - 1 \quad , \quad x \in A = [-5, 7]$$

il codominio di quest'ultima sarebbe costituito dai soli valori di b per cui le soluzioni $x = \pm\sqrt{(1+b)}$ della (2.3) appartengono ad $A = [-5, 7]$; si ha quindi:

$$\begin{aligned} f(A) &= \{b \in \mathbb{R} : \pm\sqrt{(1+b)} \in [-5, 7]\} = \{b \in \mathbb{R} : -5 \leq \pm\sqrt{(1+b)} \leq 7\} = \\ &= \{b \in \mathbb{R} : -5 \leq -\sqrt{(1+b)} \leq 7\} \cup \{b \in \mathbb{R} : -5 \leq +\sqrt{(1+b)} \leq 7\} = \\ &= \textit{facendo i calcoli} = [-1, 48] \end{aligned}$$

Esempio 2.4 *Supponiamo di voler trovare il codominio della funzione:*

$$f: y = f(x) = \frac{1}{x - 1} \quad , \quad x \in A = [-5, 1) \cup (1, +\infty)$$

l'equazione $f(x) = b$ in questo caso è:

$$\frac{1}{(x - 1)} = b \tag{2.5}$$

Se è $b = 0$, la (2.5) non ha soluzioni perché il primo membro di essa non può annullarsi per nessun valore di x; quindi $0 \notin f(A)$.
Se è $b \neq 0$, la (2.5) ha come unica soluzione $x = 1 + 1/b$ e b, per

§ 2.8 Immagine inversa di un insieme

appartenere ad $f(A)$, deve essere tale che $1+1/b \in [-5,1) \cup (1,+\infty)$; si ha quindi:

$$\begin{aligned} f(A) &= \{b \in \mathbb{R} : 1+1/b \in [-5,1) \cup (1,+\infty)\} = \\ &= \{b \in \mathbb{R} : -5 \leq 1+1/b < 1\} \cup \{b \in \mathbb{R} : 1+1/b > 1\} = \\ &= \textit{facendo i calcoli} = (-\infty, -1/6] \cup (0, +\infty) \end{aligned}$$

Gli esempi esaminati non ci debbono creare troppe illusioni circa l'efficacia del metodo trovato perché, il più delle volte, non si riesce a risolvere l'equazione $f(x) = b$, come ci si può convincere pensando alla funzione:

$$f : y = f(x) = x - 2^x \quad , \quad x \in A = \mathbb{R}$$

Che fare in casi come questo?
Bene, ricordando quanto abbiamo detto nel paragrafo 2.3, basterà disegnare il diagramma della funzione e proiettarlo poi sull'asse delle ordinate.

Diamo ora il concetto d'*immagine inversa di un insieme*.

2.8 Immagine inversa di un insieme

Data una funzione reale di una variabile reale

$$f : y = f(x) \quad , \quad x \in A \subseteq \mathbb{R}$$

e fissato un sottoinsieme non vuoto C di $\mathbb{R}$ (insieme di arrivo), si chiama *immagine inversa* di C e si denota con $f^{-1}(C)$, l'insieme di tutti gli $x \in A$ che hanno l'immagine $f(x) \in C$; in simboli:

$$f^{-1}(C) = \{x \in A : f(x) \in C\} \quad (2.6)$$

Le conseguenze immediate di tale definizione sono:

– se è $f(A) \subseteq C$ allora $f^{-1}(C) = A$

- se è $f(A) \cap C = \emptyset$ allora $f^{-1}(C) = \emptyset$

- se C è costituito da un solo elemento: $C = \{b\}$, la (2.6) restituisce come caso particolare la (2.2) [2].

Quanto abbiamo detto risulta intuitivo osservando il grafo della funzione:

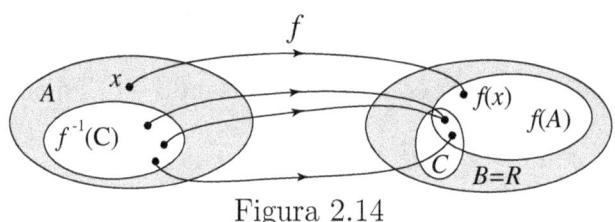

Figura 2.14

L'insieme $f^{-1}(C)$ è definito per comprensione e la proprietà che lo caratterizza è $f(x) \in C$.
Se C è un *intervallo illimitato*, cioè è un intervallo di uno di questi quattro tipi:

$$[\alpha, +\infty) \; , \; (\alpha, +\infty) \; , \; (-\infty, \alpha] \; , \; (-\infty, \alpha) \; , \; \text{con } \alpha \in \mathbb{R} \; ,$$

allora la proprietà che caratterizza $f^{-1}(C)$ è nei quattro casi rispettivamente:
$$f(x) \geq \alpha \; , \; f(x) > \alpha \; , \; f(x) \leq \alpha \; , \; f(x) < \alpha \qquad (2.7)$$
e si chiama *disequazione ad una incognita*; gli elementi di $f^{-1}(C)$, *soluzioni della disequazione*.

Se C è invece un *intervallo limitato*, cioè un intervallo di uno di questi altri quattro tipi:

$$[\alpha, \beta] \; , \; [\alpha, \beta) \; , \; (\alpha, \beta] \; , \; (\alpha, \beta) \; , \; \text{con } \alpha, \beta \in \mathbb{R} \text{ e } \alpha < \beta$$

---

[2]In questo caso particolare la (2.6) diviene infatti:

$$f^{-1}(C) = f^{-1}(\{b\}) = \{x \in A : f(x) \in \{b\}\} = \{x \in A : f(x) = b\};$$

abbiamo così riottenuto la (2.2).

§ 2.8 Immagine inversa di un insieme

allora la proprietà che caratterizza $f^{-1}(C)$ è, nei quattro casi, rispettivamente:

$$\alpha \le f(x) \le \beta \ , \ \alpha \le f(x) < \beta \ , \ \alpha < f(x) \le \beta \ , \ \alpha < f(x) < \beta$$

cioè è costituita da un *sistema di due disequazioni*.

Se di una funzione f conosciamo il diagramma cartesiano, è facile trovare, qualunque sia l'insieme (non vuoto) C che si fissi, $f^{-1}(C)$. Basta infatti:

a) rappresentare C sull'asse delle ordinate.

b) considerare unicamente il "pezzo di diagramma", che si proietta ortogonalmente su C.

c) proiettare il "pezzo di diagramma", di cui sopra, sull'asse delle ascisse.

L'ultima proiezione ottenuta è la rappresentazione cartesiana di $f^{-1}(C)$.

Chiariamo quanto abbiamo detto con un disegno:

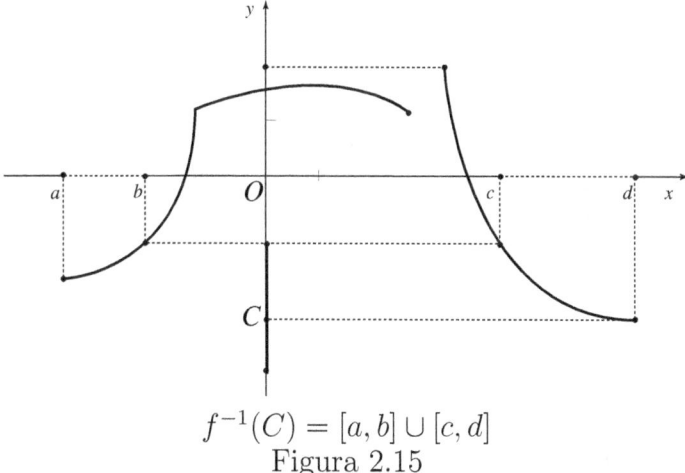

$$f^{-1}(C) = [a, b] \cup [c, d]$$
Figura 2.15

Nel libro "Limiti e Continuità" avremo occasione di utilizzare il concetto di immagine inversa di un insieme per cui siamo sicuri che "verrà digerito"; diamo intanto altri concetti generali relativi alle funzioni.

2.9 Funzioni limitate - Minimo e massimo assoluto - Punti di minimo e punti di massimo assoluto

Definizione di funzione limitata
Data una funzione:

$$f: y = f(x) \quad , \quad x \in A \subseteq \mathbb{R}$$

si dice che è:

- **Limitata inferiormente**, se è limitato inferiormente il suo codominio.

- **Limitata superiormente**, se è limitato superiormente il suo codominio.

- **Limitata**, se è limitata sia inferiormente che superiormente.

Gli estremi del codominio di una funzione f si chiamano *estremi della funzione* e si denotano con λ_f e Λ_f.
Se λ_f e $\Lambda_f \in f(A)$, si denotano con m_f e M_f e si chiamano *minimo e massimo assoluto della funzione*.
Se f è dotata di minimo e di massimo assoluti, gli elementi degli insiemi $f^{-1}(m_f)$ e $f^{-1}(M_f)$ si chiamano rispettivamente *punti di minimo* e *punti di massimo assoluto* della funzione.
Come si riflette sul (suo) diagramma il fatto che una funzione f sia limitata inferiormente, limitata superiormente o limitata?
È facile immaginarlo!
Nel primo caso, il diagramma resta tutto "al di sopra" della retta di equazione $y = \lambda_f$; nel secondo, tutto "al di sotto" della retta di equazione $y = \Lambda_f$; nell'ultimo, è "contenuto" nella striscia compresa tra le due rette di equazione $y = \lambda_f$ e $y = \Lambda_f$.
Illustriamo i concetti introdotti con dei diagrammi:

§ 2.9 Funzioni limitate - Minimo e massimo assoluto

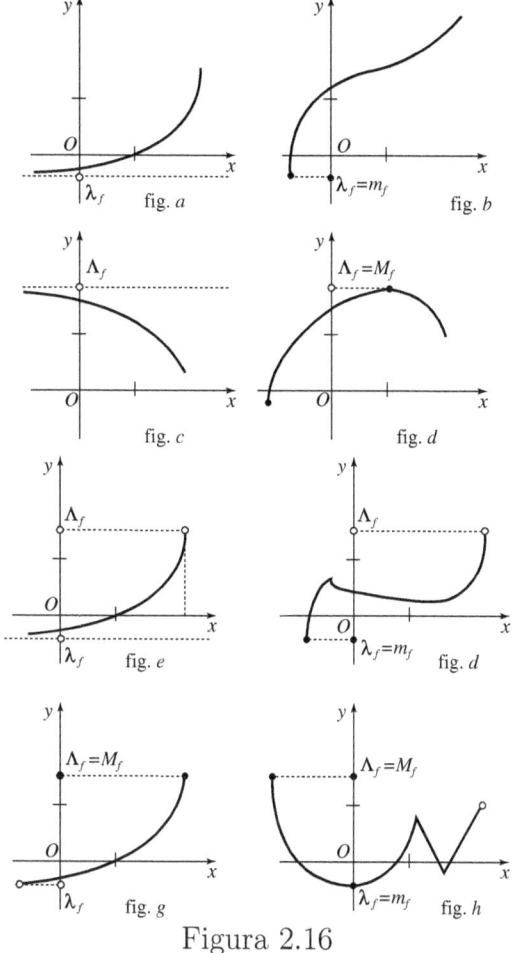

Figura 2.16

I diagrammi delle fig.a) e b) sono diagrammi di funzioni limitate inferiormente ma non superiormente; addirittura la funzione f che ha per diagramma quello della fig.b) ha minimo assoluto.

Per i diagrammi di tutte le altre funzioni, concluda il Lettore!
Se non sa che dire, rilegga da capo il paragrafo e tenti di nuovo!
Se tutto invece le è rimasto chiaro, risponda alle seguenti domande:

★ *Domanda*: Se una funzione f è limitata, sono limitate tutte le sue restrizioni?

★ *Domanda*: Se una funzione f è illimitata, può avere restrizioni limitate? E restrizioni illimitate?

★ *Domanda*: Se di una funzione f sappiamo che ha una restrizione illimitata, sarà essa limitata? Se invece sappiamo che f ha una restrizione limitata, che si può dire di essa?

Discuta, al solito, le conclusioni a cui è giunto con qualcuno.

Per terminare, illustriamo con un diagramma i concetti di minimo e massimo assoluto, punti di minimo e punti di massimo assoluto.

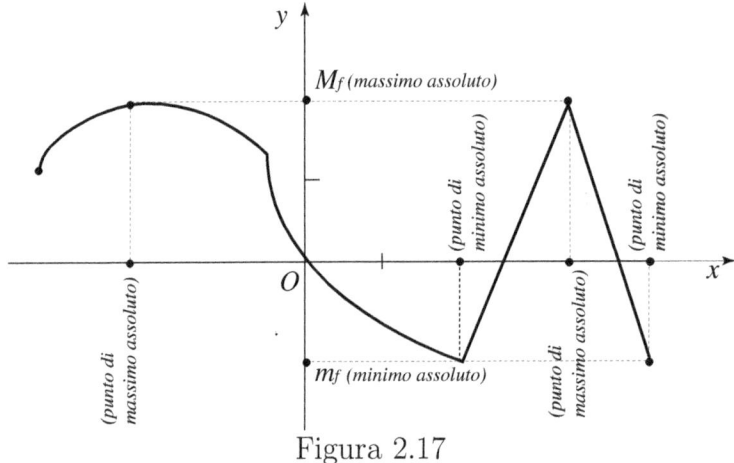

Figura 2.17

Andiamo ora a vedere come si possono costruire nuove funzioni a partire da funzioni assegnate.

2.10 Funzione inversa

Data una funzione
$$f: y = f(x) \quad , \quad x \in A \subseteq \mathbb{R}$$
sia G_f il suo grafico.

A partire da G_f possiamo costruire un altro insieme G di coppie ordinate, scambiando l'ordine degli elementi all'interno di ogni coppia di G_f ed in generale risulterà $G \neq G_f$.

§ 2.11 Funzioni somma, differenza, prodotto e quoziente

L'insieme G è grafico di una funzione?
Ricordando quanto abbiamo detto nel paragrafo 2.3, lo è se a G non appartengono coppie con i primi elementi uguali tra loro e ciò avviene se a G_f non appartengono coppie con i secondi elementi uguali tra loro, cioè se la funzione f è *invertibile*.
Se f è invertibile dunque, alla funzione che ha per grafico G si dà il nome di *funzione inversa* di f e si denota con f^{-1}.
La funzione f^{-1} ha per *dominio*, il codominio di f, cioè $f(A)$ e per *codominio*, il dominio di f, cioè A. Per quanto riguarda la *legge di associazione*, si denota con $x = f^{-1}(y)$ e quindi possiamo scrivere:

$$f^{-1}: \quad x = f^{-1}(y) \quad , \quad y \in f(A) \subseteq \mathbb{R}$$

Chiariamo il concetto introdotto con un esempio:

Esempio 2.5 *Consideriamo la funzione:*

$$f: \quad y = f(x) = x^2 \quad , \quad x \in A = [0, 10];$$

essendo essa crescente, è invertibile; il suo codominio è $f(A) = [0, 100]$; la sua funzione inversa è:

$$f^{-1}: \quad x = f^{-1}(y) = \sqrt{y} \quad , \quad y \in f(A) = [0, 100]$$

Ha capito quello che abbiamo fatto?
Noto il diagramma di una funzione invertibile f, come si può ottenere il diagramma di f^{-1}?
Riesce a convincersi che basta ruotare il foglio (su cui è disegnato il diagramma di f) di 90° in senso antiorario e poi voltarlo? Faccia la prova!

2.11 Funzioni somma, differenza, prodotto e quoziente di due funzioni

Date due funzioni:

$$\begin{aligned} f: y &= f(x) \quad , \quad x \in A \subseteq \mathbb{R} \\ g: y &= g(x) \quad , \quad x \in A \subseteq \mathbb{R} \end{aligned}$$

aventi lo stesso dominio A, ogni elemento $x \in A$ ha due immagini: una $f(x)$ secondo f e l'altra $g(x)$ secondo g:

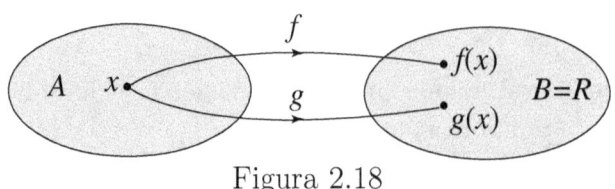

Figura 2.18

A partire da esse possiamo costruire altre tre funzioni che chiamiamo *funzione somma, differenza, prodotto*, denotiamo rispettivamente con:

$$f+g \, , \, f-g \, , \, f \cdot g$$

e definiamo nel modo seguente:

$$\begin{aligned} f+g : y &= (f+g)(x) = f(x) + g(x) \, , & x \in A \subseteq \mathbb{R} \\ f-g : y &= (f-g)(x) = f(x) - g(x) \, , & x \in A \subseteq \mathbb{R} \\ f \cdot g : y &= (f \cdot g)(x) = f(x) \cdot g(x) \, , & x \in A \subseteq \mathbb{R} \end{aligned}$$

Se poi $0 \notin g(A)$, cioè se tutti gli $x \in A$ hanno l'immagine $g(x) \neq 0$, possiamo anche costruire un'altra funzione che chiamiamo *funzione quoziente*, denotiamo con f/g e definiamo così:

$$\frac{f}{g} : y = \left(\frac{f}{g}\right)(x) = \frac{f(x)}{g(x)} \, , \quad x \in A \subseteq \mathbb{R}$$

Riassumendo:

- date due funzioni f e g, se hanno lo stesso dominio A, si possono costruire le funzioni somma, differenza[3] e prodotto. Se oltre ad avere lo stesso dominio risulta che $0 \notin g(A)$, allora si può costruire anche la funzione quoziente.

---

[3] Di funzioni differenza se ne possono costruire due: $f-g$ e $g-f$.

§ 2.11 *Funzioni somma, differenza, prodotto e quoziente* 93

Date due funzioni f e g di domini differenti, esistono delle loro restrizioni con le quali si possono costruire le funzioni somma, differenza, prodotto e quoziente? Osservi i diagrammi e risponda:

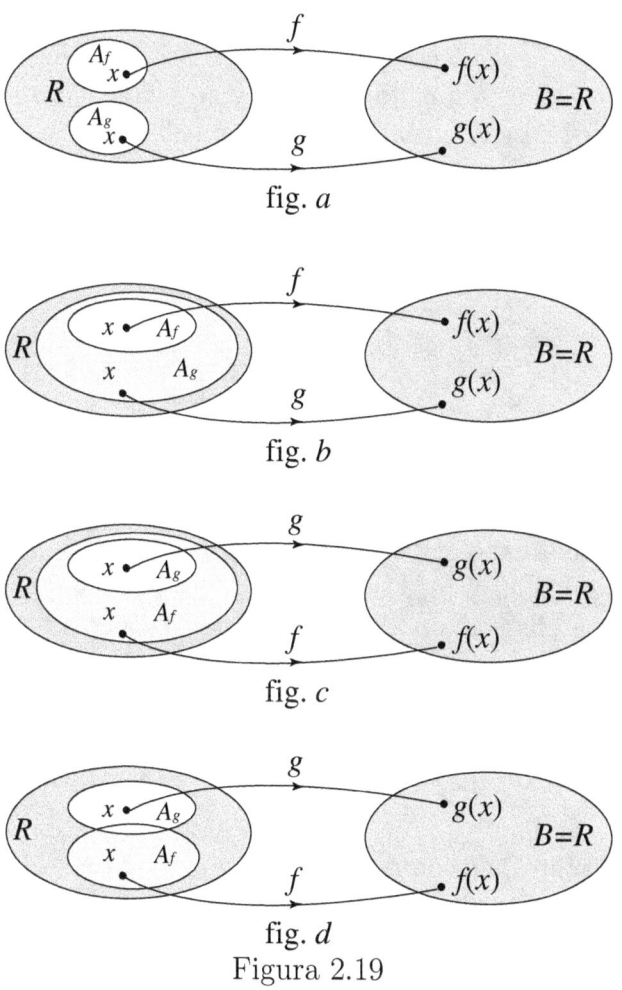

fig. *a*

fig. *b*

fig. *c*

fig. *d*
Figura 2.19

2.12 Funzione composta da due funzioni assegnate

Date due funzioni:
$$f: \ A \longrightarrow f(A) \subseteq \mathbb{R}$$
$$g: \ B \longrightarrow g(B) \subseteq \mathbb{R}$$

se il codominio della f è uguale al dominio della g, cioè risulta $f(A) = B$, a partire da esse si può costruire un'altra funzione che chiamiamo *funzione composta di f con g*; tale funzione si denota con $g \circ f$, che si legge "gi tondo effe" ed è definita come appare nel seguente grafo:

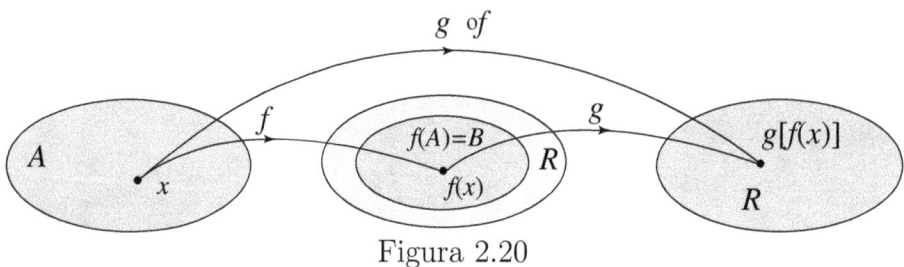

Figura 2.20

Le funzioni f e g si chiamano rispettivamente *prima* e *seconda funzione componente* della funzione $g \circ f$.

Nella definizione data, fissato un $x \in A$, prima si calcola $f(x)$ e poi, essendo $f(x)$ elemento di $f(A)$ e quindi di B, si calcola $g[f(x)]$. Quest'ultimo numero si prende appunto come immagine di x secondo la $g \circ f$:
$$(g \circ f)(x) = g[f(x)]$$

Osserviamo che:
mentre $g \circ f$ denota la funzione composta di f con g, $f \circ g$ denota invece la funzione composta di g con f; nei due casi è diverso l'ordine di composizione e diverse sono le funzioni costruite; $g \circ f$ può essere costruita se $f(A) = B$ mentre $f \circ g$ se è $g(B) = A$.

È possibile costruire una funzione composta a partire da n funzioni (con $n > 2$) assegnate?

Andiamo a vedere!

2.13 Funzione composta da n (con $n > 2$) funzioni assegnate

Si può estendere in modo ovvio la definizione di funzione composta da due ad un numero n finito qualunque di funzioni assegnate.

Come?

La prima cosa che si deve fare è decidere in quale ordine considerare le funzioni (assegnate) perché come abbiamo costatato nel caso di due funzioni f e g, se si possono costruire sia $f \circ g$ che $g \circ f$, in generale esse risultano diverse tra loro.

Supponiamo di aver ordinato le funzioni date e siano $f_1, f_2, \ldots, f_n$ rispettivamente la prima, la seconda, ..., la $n$esima funzione:

$$\begin{aligned} f_1: & \quad A_1 \longrightarrow f_1(A_1) \subseteq \mathbb{R} \\ f_2: & \quad A_2 \longrightarrow f_2(A_2) \subseteq \mathbb{R} \\ & \quad \ldots \ldots \ldots \ldots \ldots \ldots \ldots \ldots \\ f_n: & \quad A_n \longrightarrow f_n(A_n) \subseteq \mathbb{R} \end{aligned}$$

Se è $f_1(A_1) = A_2$, per quanto abbiamo detto nel paragrafo precedente, si può costruire la $f_2 \circ f_1$ il cui *dominio* è A_1 ed il cui *codominio* è $f_2(A_2)$:

$$f_2 \circ f_1: \quad A_1 \longrightarrow (f_2 \circ f_1)(A_1) = f_2[f_1(A_1)] = f_2(A_2)$$

Se risulta poi $f_2(A_2) = A_3$, possiamo costruire la funzione composta $f_3 \circ (f_2 \circ f_1)$ il cui *dominio* è A_1 ed il cui *codominio* è $f_3(A_3)$:

$$f_3 \circ (f_2 \circ f_1): \quad A_1 \longrightarrow [f_3 \circ (f_2 \circ f_1)](A_1) = f_3(A_3)$$

se risulta inoltre $f_3(A_3) = A_4$, possiamo costruire la funzione composta $f_4 \circ [f_3 \circ (f_2 \circ f_1)]$ e così via fino ad arrivare ad f_n.

La funzione composta, che così si ottiene, si chiama *funzione composta da* $f_1, f_2, \ldots, f_n$ e si denota con $f_n \circ f_{n-1} \circ \ldots \circ f_2 \circ f_1$; il suo *dominio* è A_1 ed il suo *codominio* è $f_n(A_n)$. Chiariamo il concetto con un esempio.

Esempio 2.6 *Siano f_1, f_2, f_3 tre funzioni reali di una variabile reale così fatte:*

$$\begin{aligned} f_1: & \quad u = f_1(x) = 3x + 1 \quad, \quad x \in A_1 = \mathbb{R} \\ f_2: & \quad v = f_2(u) = u^2 \quad, \quad u \in A_2 = \mathbb{R} \\ f_3: & \quad y = f_3(v) = \sqrt{v} \quad, \quad v \in A_3 = [0, +\infty) \end{aligned}$$

Essendo $f_1(A_1) = \mathbb{R} = A_2$, possiamo costruire la funzione composta
$$f_2 \circ f_1 : \; v = (f_2 \circ f_1)(x) = (3x+1)^2 \; , \quad x \in A_1 = \mathbb{R}$$
Essendo poi $(f_2 \circ f_1)(A_1) = [0, +\infty) = A_3$, possiamo costruire la funzione composta:
$$f_3 \circ f_2 \circ f_1 : \; y = (f_3 \circ f_2 \circ f_1)(x) = \sqrt{(3x+1)^2} \; , \quad x \in A_1 = \mathbb{R}$$

2.14 Problemi collegati con le funzioni generate da altre funzioni

Il concetto di funzione costruita a partire da altre funzioni trae con sé due tipi di problemi:

Problema del 1° tipo

Data una funzione, decidere se si tratta di una *funzione somma, differenza, prodotto, quoziente* o di *funzione composta* da altre funzioni. In caso affermativo, riconoscere quali sono le funzioni a partire dalle quali è stata costruita la funzione data.

Problema del 2° tipo

Date due funzioni, decidere se si può costruire la *funzione somma, differenza, prodotto, quoziente* o se si possono *comporre* in un ordine dato.

Per poter affrontare con scioltezza tali problemi conviene chiarire il legame che esiste tra la legge di associazione di una funzione e la "formula" che la rappresenta.

Vediamo di che si tratta!

In tutti gli esempi di funzioni finora esaminati le leggi di associazione f erano sempre assegnate per mezzo di una "formula":
$$y = x \; , \; y = x^2 \; , \; y = \sqrt{x} \; , \; y = \frac{1}{\sqrt{x^2-1}} \; , \; \text{ecc.} \dots$$
nella quale compaiono due lettere x e y ove x denota il generico elemento di A (dominio) e y il generico elemento di B (insieme d'arrivo) ed assegnando ad x un determinato valore, la "formula" ci fornisce il valore y della corrispondente immagine $f(x)$.

§ 2.14 *Problemi collegati con le funzioni generate da altre funzioni*

Diciamo subito che esistono funzioni la cui legge di associazione non si riesce a rappresentare per mezzo di una "formula" come lo Studente si renderà conto studiando le discipline sperimentali, ma di queste non vogliamo qui occuparci.

Prendiamo invece in considerazione solo quelle funzioni la cui legge d'associazione f è rappresentata appunto da una "formula" e chiariamo il legame suddetto. Non possiamo in questa sede addentrarci a fondo in questa difficile questione. L'unica cosa che ci limitiamo a dire è che una "formula" del tipo:

$$y = \sqrt{x^2 - 1} \, , \, y = \frac{1}{\sqrt{x^2 - 1}} \, , \, \text{ecc.} \ldots$$

non è una funzione ma che a partire da essa si può costruire una funzione.

Come?

La formula data può essere riguardata come "la scrittura" che rappresenta la *legge di associazione* di una funzione, il cui *dominio* A è il più "ampio" insieme di numeri reali a ciascuno dei quali (mediante la "formula" stessa) si può associare un'immagine.

Chiariamoci le idee con qualche esempio.

Esempio 2.7 *Supponiamo assegnata la formula $y = \sqrt{x^2 - 1}$.*
A partire da essa, per quanto abbiamo detto, possiamo costruire la funzione:

$$f : y = f(x) = \sqrt{x^2 - 1} \, , \quad x \in A \begin{aligned} &= \{x \in \mathbb{R} : x^2 - 1 \geq 0\} = \\ &= (-\infty, -1] \cup [1, +\infty) \end{aligned}$$

Se la formula assegnata è invece quest'altra: $y = \dfrac{1}{\sqrt{x^2 - 1}}$, la funzione che possiamo costruire è:

$$f : y = f(x) = \tfrac{1}{\sqrt{x^2-1}} \, , \quad x \in A \begin{aligned} &= \{x \in \mathbb{R} : x^2 - 1 > 0\} = \\ &= (-\infty, -1) \cup (1, +\infty) \end{aligned}$$

La "formula", che esprime la legge di associazione di una funzione, si chiama *rappresentazione analitica della legge*.

Può accadere che a partire da *formule diverse*, si arrivi a costruire la *stessa funzione*; in tal caso si dice che la legge di associazione di quella funzione ha *più rappresentazioni analitiche*.

Si pensi ad esempio alle due formule:

$$y = \sqrt{x} \quad e \quad y = \sqrt{x} \cdot \frac{(x^2+1)}{(x^2+1)}$$

A questo punto è naturale chiedersi:

Data una funzione $f: y = f(x), x \in A \subseteq \mathbb{R}$, è utile disporre di differenti rappresentazioni analitiche della sua legge d'associazione?

È utilissimo!
Può infatti accadere che una certa proprietà della funzione che non si veda per mezzo di una certa rappresentazione analitica, sia evidenziata in un'altra.

Diamo un esempio.

Esempio 2.8 *Data la funzione:*

$$f: y = f(x) = \frac{x^2 - 1}{x^2 + 1} \quad , \quad x \in A = (0, +\infty)$$

poiché all'aumentare di x, aumenta sia $x^2 - 1$ che $x^2 + 1$, non possiamo decidere se $f(x)$ aumenta o no, se cioè la f è o no monotòna crescente.

Se invece scriviamo la legge di associazione per mezzo di quest'altra formula:

$$f(x) = \frac{1 - (1/x)^2}{1 + (1/x)^2}$$

ottenuta dalla precedente dividendo numeratore e denominatore per x^2, si vede chiaramente che $f(x)$ aumenta [4] *all'aumentare di x quindi f è monotòna crescente.*

Può darsi che la seguente analogia possa chiarire il concetto esposto.

---

[4] $f(x)$ aumenta per due ragioni: perché aumenta il numeratore e perché diminuisce il denominatore.

§ 2.15 *Funzione identità, valore assoluto, parte intera, ecc...*

Supponiamo che si debba studiare il sistema fluviale di una data regione.
Bene, la prima cosa che si fa, si cerca una carta geografica di tale regione. Però, quale carta si cerca? Quella dove è evidenziata la divisione politico-amministrativa?

È chiaro che no! Si cercherà una carta idrografica perché di tutte le carte che esistono è quella che meglio visualizza la proprietà che si vuole studiare.

Una situazione analoga si verifica tra la legge di associazione di una funzione e le sue rappresentazioni analitiche; le distinte rappresentazioni analitiche di una funzione sono cioè come le differenti carte geografiche di una data regione. Una delle abilità del Matematico consiste, di volta in volta, nel costruire, a partire dalla *rappresentazione analitica* mediante la quale è stata inizialmente assegnata la *legge*, quella che è utile allo scopo.

È facile rendersi conto che per fare ciò non ci sono "ricette".

Diamo intanto un elenco di funzioni che hanno un nome; nei capitoli 3 e 4 lo arricchiremo. Di tali funzioni e delle loro restrizioni ci serviremo per costruire altre funzioni.

2.15 Funzione identità, valore assoluto, parte intera, ecc...

Si chiama *funzione identità* la funzione così definita:

$$f: y = f(x) = x \quad , \quad x \in A = (-\infty, +\infty)$$

Il suo *diagramma cartesiano* è la bisettrice del primo e terzo quadrante:

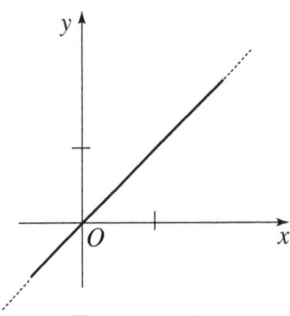

Figura 2.21

Si tratta di una *funzione monotòna crescente* il cui *codominio* è $f(A) = (-\infty, +\infty)$ e pertanto f è illimitata sia inferiormente che superiormente.

Si chiama *funzione valore assoluto* la funzione così definita:

$$f: y = f(x) = |x| \quad , \quad x \in A = (-\infty, +\infty)$$

È una funzione pari; la sua restrizione di *dominio* $A' = A \cap [0, +\infty)$ coincide con la restrizione avente lo stesso dominio della funzione identità.

Il diagramma di tale restrizione è quindi la bisettrice del primo quadrante; il diagramma della f (essendo appunto una funzione pari) è allora:

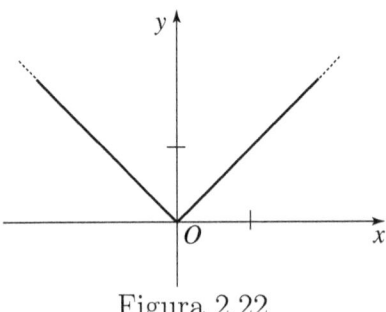

Figura 2.22

Il suo *codominio* è $f(A) = [0, +\infty)$ e pertanto f è limitata inferiormente, addirittura ha minimo assoluto $m_f = 0$ ed illimitata superiormente.

§ 2.15 *Funzione identità, valore assoluto, parte intera, ecc...* 101

Si chiama *funzione parte intera* la funzione così definita:

$$f : y = f(x) = [x] \quad , \quad x \in A = (-\infty, +\infty)$$

È facile convincersi che il suo diagramma è:

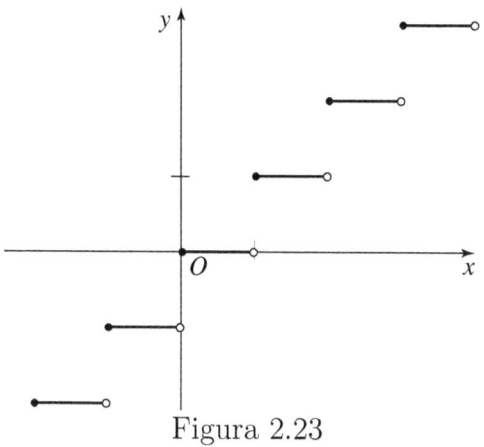

Figura 2.23

Si tratta di una funzione monotòna non decrescente il cui *codominio* è $f(A) = \mathbb{Z}$ e pertanto è illimitata sia inferiormente che superiormente.

Si chiama *funzione gradino unitario* una funzione così definita:

$$f : y = f(x) = \begin{cases} 0 & , \quad \text{se } x < x_0 \in \mathbb{R} \\ 1 & , \quad \text{se } x \geq x_0 \end{cases}$$

Il suo *dominio* è $A = (-\infty, x_0) \cup [x_0, +\infty) = (-\infty, +\infty)$; il suo *codominio* è $f(A) = \{0, 1\}$ ed il suo *diagramma cartesiano* è:

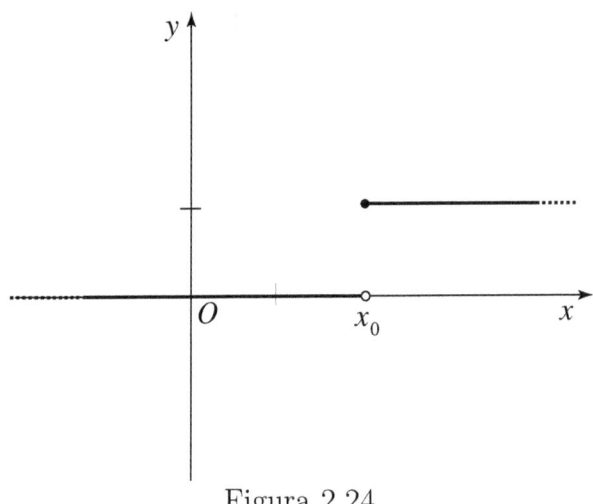

Figura 2.24

Si tratta di una funzione monotòna non decrescente. Per ogni scelta di x_0 si ha una funzione gradino diversa: tutte le funzioni gradino hanno lo stesso dominio e lo stesso *codominio* $f(A) = \{0, 1\}$ e pertanto sono limitate; addirittura hanno minimo e massimo assoluto: $m_f = 0$ e $M_f = 1$.

Riportiamo qui di seguito i diagrammi di due funzioni gradino:

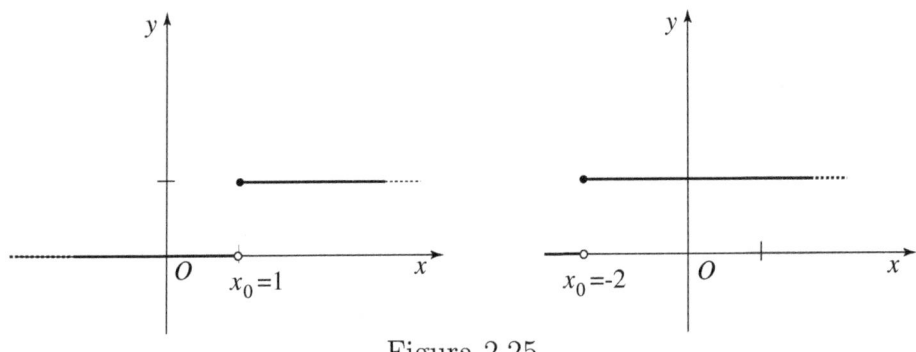

Figura 2.25

Si chiama *funzione polinomiale* di grado n ogni funzione reale di una variabile reale la cui legge di associazione è rappresentabile per mezzo di un polinomio di grado n.

§ 2.15 Funzione identità, valore assoluto, parte intera, ecc...

In simboli:

$$f:\ y = f(x) = a_0 x^n + a_1 x^{n-1} + a_2 x^{n-2} + \ldots + a_{n-1} x + a_n$$
$$x \in A = (-\infty, +\infty)$$

ove: $a_0, a_1, \ldots, a_n$ sono numeri reali assegnati ed $a_0 \neq 0$.

Si chiama *funzione razionale* ogni funzione reale di una variabile reale che sia funzione quoziente di due funzioni polinomiali o restrizioni di esse.

Un esempio di funzione razionale è:

$$f:\ y = f(x) = \frac{x^3 + x - 1}{x^2 + 1}\ ,\quad x \in A = (-\infty, +\infty)$$

Si chiama *funzione algebrica* ogni funzione reale di una variabile reale la cui legge di associazione sia rappresentabile mediante una "formula" nella quale si operi sulla variabile x oltre che con le quattro operazioni: addizione, sottrazione, moltiplicazione e divisione anche con l'operazione di estrazione di radice.

Un esempio di funzione algebrica è:

$$f:\ y = f(x) = \frac{\sqrt{x} + \sqrt{x+1}}{\sqrt[3]{x} - 2}\ ,\quad x \in A = [0, 8) \cup (8, +\infty)$$

Si chiama *successione di numeri reali* ogni funzione reale di una variabile reale avente per *dominio* l'insieme $\mathbb{N}$ (pensato con il suo ordinamento naturale).

Il *diagramma cartesiano* di una successione di numeri reali è costituito, come è facile da immaginarsi, da infiniti "punti staccati" del semipiano delle x positive.

Non ci attardiamo a mettere in evidenza altre proprietà delle successioni perché di esse ci occuperemo diffusamente nel libro "Successioni e serie".

Per terminare con questo capitolo vogliamo segnalare un errore diffuso e dare una nomenclatura molto usata in matematica.

2.16 Un errore diffuso

Nello studio fin qui fatto abbiamo dato il concetto di *grafico* di una funzione, abbiamo detto che la rappresentazione (geometrica) cartesiana di esso è il *diagramma cartesiano*, abbiamo visto che certe proprietà della funzione, come l'essere *pari, dispari, periodica,* ecc... si riflettono sul *diagramma*, ma non abbiamo detto come, data una funzione, si possa disegnare il suo *diagramma*.

Ciò non entra tra gli obiettivi di questo libro, ma di quello "Derivabilità, diagrammi e formula di Taylor" e pertanto non ne parliamo.

Avvertiamo tuttavia che per disegnare i diagrammi, spesso si parla di un procedimento che contiene un errore concettuale.
Ecco il procedimento:

1) si calcolano le immagini $f(x)$ di un certo numero di punti $x \in A$

2) si disegnano in un piano cartesiano i punti di coordinate $(x, f(x))$

3) si uniscono con una linea i punti disegnati ed alla linea così ottenuta si dà il nome di diagramma

Dove sta l'errore?

Lo cerchi!

Se ha ragionato correttamente dovrebbe essersi reso conto che la sola conoscenza di alcuni punti del diagramma non basta per disegnare quest'ultimo. Per i punti disegnati infatti "passano" infinite "curve" e se non abbiamo altre informazioni non possiamo decidere quale di tali curve è il *diagramma cartesiano della funzione*.

Come vedremo nei libri "Limiti e Continuità" e "Derivabilità, diagrammi e formula di Taylor" le operazioni di limite e di derivazione ci forniranno le informazioni mancanti.

Per terminare diamo questa nomenclatura matematica.

2.17 Nomenclatura in uso

Per mettere lo Studente in condizione di non sentirsi perduto nella lettura di altri libri di matematica, vogliamo riportare qui le locuzioni di uso più frequente nella letteratura matematica.

Una funzione f di *dominio* A e di *insieme d'arrivo* B è anche chiamata:

- *applicazione di A in B* se è $f(A) \subset B$

- *applicazione di A su B* se è invece $f(A) = B$

Quella che noi abbiamo chiamato *funzione invertibile* è anche detta *iniezione* o *applicazione iniettiva*.

★Domanda: È certo che ogni applicazione di A in B è un'iniezione?
Lo pensi!
Se ha pensato correttamente la risposta è no.

Un'applicazione di A su B è anche detta *suriezione* o *applicazione suriettiva*.
Un'applicazione che sia nello stesso tempo iniettiva e suriettiva è detta *biezione*, o *applicazione biiettiva* o anche *corripondenza biunivoca*.

Continuiamo la nostra rassegna! Dato un insieme non vuoto S sia A un sottoinsieme non vuoto di esso. Ogni funzione di dominio A ed insieme di arrivo S si chiama anche *trasformazione* di A in S.

Se esiste qualche elemento $x \in A$ che coincide con la sua immagine $f(x)$, il punto $x = f(x)$ si chiama *punto unito* della trasformazione.

Le funzioni reali di una variabile reale sono particolari trasformazioni.

Dato un insieme non vuoto A, denotiamo con A^2 l'insieme i cui elementi sono *tutte e sole* le coppie ordinate di elementi di A. Consideriamo una funzione avente per dominio A^2 e per insieme d'arrivo A:

$$f : A^2 \longrightarrow A \quad ;$$

la sua legge di associazione f viene usualmente chiamata *legge di composizione interna ad A* o anche *operazione binaria* in A.

Se (x,y) è un elemento del dominio, cioè di A^2, la sua immagine, anziché con $f((x,y))$ viene abitualmente denotata in uno dei seguenti modi:
$$x \top y \ , \ x \perp y \ , \ x * y \ , \ x + y \ , \ x \cdot y$$
Quando vengono usate le ultime due notazioni, la legge di composizione viene chiamata rispettivamente *addizione* e *moltiplicazione*.

Riprendiamo l'elenco delle funzioni che hanno un nome, cominciando da quelle goniometriche, però prima invitiamo lo Studente a risolvere gli esercizi che trova qui proposti.

Esercizi sugli argomenti trattati nel Capitolo 2

Esercizi sul concetto di funzione

Esercizio 2.1 *Data una qualunque funzione $f : A \longrightarrow B$, dire quali delle seguenti affermazioni sono vere qualunque sia f, false qualunque sia f, la verità dipende da f:*

a) $f(A) = B$

b) $f(A) \subset B$

c) $f(A) \subseteq B$

d) $f(A) \supset B$

Esercizio 2.2 *Data la funzione:*

$$f : y = f(x) = \sqrt{\frac{3 - |x|}{x}} \quad , \quad x \in A = (0, 3]$$

calcolare $f(1), f(2), f(3)$.

Esercizio 2.3 *Data la funzione:*

$$f : y = f(x) = \begin{cases} |x - 1| & , \quad x \leq 0 \\ 3x - 1 & , \quad x > 0 \end{cases}$$

a) *dire quale è il suo dominio*

b) calcolare $f(-3), f(-2), f(0), f(5)$.

c) dire se vi sono punti del diagramma nel terzo quadrante.

Risolviamo a titolo d'esempio l'esercizio 3).

Poiché il dominio A di ogni funzione è costituito da tutti i numeri reali ai quali la legge f (di detta funzione) associa un'immagine, possiamo concludere che, nel nostro caso, è $A = (-\infty, +\infty)$.

Passiamo ora al calcolo delle immagini:

$$f(-3) = |-3-1| = 4 \; ; \; f(-2) = |-2-1| = 3 \; ;$$
$$f(0) = |0-1| = 1 \; ; \; f(5) = 3 \cdot 5 - 1 = 14 \; .$$

Poiché l'immagine $f(x)$ di ogni $x \le 0$ si calcola mediante la "formula" $f(x) = |x-1|$, risulta $f(x) > 0$ e quindi le coppie $(x, f(x))$ con $x \le 0$ sono rappresentate (geometricamente) da punti del secondo quadrante.

Esercizio 2.4 *Data la funzione:*

$$f : y = f(x) = \begin{cases} 1 - x & , \; x < 0 \\ 1 & , \; x = 0 \\ 3x - 1 & , \; x > 0 \end{cases}$$

a) dire se è uguale alla funzione dell'esercizio precedente.

b) disegnarne il diagramma (cartesiano).

c) trovarne il codominio.

Esercizio 2.5 *Data la funzione:*

$$f : y = f(x) = \begin{cases} \dfrac{x}{|x|} & , \; x < 0 \\ 3 & , \; x = 0 \\ 3x - 2 & , \; x > 0 \end{cases}$$

a) *dire quale è il suo dominio.*

b) *calcolare $f(-5), f(-7^3), f(0), f(2/3)$.*

c) *disegnarne il diagramma (cartesiano).*

d) *trovarne il codominio.*

e) *dire se la retta di equazione $y = -5$ "taglia" il diagramma in qualche punto.*

Esercizio 2.6 *Data la funzione:*

$$f: y = f(x) = \begin{cases} |x-1| &, \quad x \in [-5, -1] \\ |x+1| &, \quad x \in (-1, 0] \\ 1 &, \quad x \in (0, 25] \end{cases}$$

a) *dire quale è il dominio A.*

b) *dire se è certo che $f(A) \subset [0, +\infty)$.*

c) *scriverne una rappresentazione analitica della legge di associazione f senza utilizzare il simbolo di valore assoluto.*

Esercizio 2.7 *Dire se è certo che la funzione*

$$f_1 : y = f_1(x) = x/|x| \quad , \quad x \in A = (0, +\infty)$$

è una restrizione della funzione

$$f_2 : y = f_2(x) = \begin{cases} 5 &, \quad x < 0 \\ 1 &, \quad x \geq 0 \end{cases}$$

Esercizio 2.8 *Data una funzione $f : A \longrightarrow B$,*

a) *dimostrare che se S_1 e S_2 sono sottoinsiemi non vuoti di A allora:*

$$f(S_1 \cup S_2) = f(S_1) \cup f(S_2)$$

b) dire se $S_1 \cap S_2 = \emptyset \implies f(S_1) \cap f(S_2) = \emptyset$

A titolo di esempio dimostriamo la parte a).

Se $y \in f(S_1 \cup S_2)$ significa che esiste almeno un elemento $x \in S_1 \cup S_2$ che ha per immagine y. Tale elemento x appartiene ad almeno uno dei due insiemi S_1 e S_2 e pertanto la sua immagine y appartiene ad almeno uno dei due insiemi $f(S_1)$ e $f(S_2)$ e quindi appartiene a $f(S_1) \cup f(S_2)$.

Abbiamo finora provato che ogni elemento di $f(S_1 \cup S_2)$ è anche elemento di $f(S_1) \cup f(S_2)$. Per provare l'uguaglianza dei due insiemi, occorre far vedere che a $f(S_1) \cup f(S_2)$ non appartengono altri elementi oltre quelli di $f(S_1 \cup S_2)$.

A tale scopo ragioniamo così:

- se $y \in f(S_1) \cup f(S_2)$ allora y appartiene ad almeno uno dei due insiemi $f(S_1)$ e $f(S_2)$ e pertanto ogni elemento x, di cui y è immagine, appartiene ad almeno uno dei due insiemi S_1 e S_2 e quindi appartiene a $S_1 \cup S_2$; da qui segue che y appartiene a $f(S_1 \cup S_2)$.

Esercizio 2.9 *Dire quali dei seguenti sottoinsiemi G di $\mathbb{R}^2$ sono grafici di funzioni:*

a) $G = \{(1,1), (2,1), (4,1), (5,1), (6,1), (3,1)\}$

b) $G = \{(4,2), (3,1), (5,2), (4,3), (1,4), (6,1)\}$

c) $G = \{(1,2), (4,1), (2,3), (5,4), (3,6), (6,5)\}$

d) $G = \{(1,4), (6,1), (3,2), (2,1), (5,3), (4,1)\}$

e) $G = \{(1,2), (2,4), (3,4), (6,2), (5,3), (4,1)\}$

Esercizio 2.10 *Data la funzione il cui diagramma (cartesiano) è*

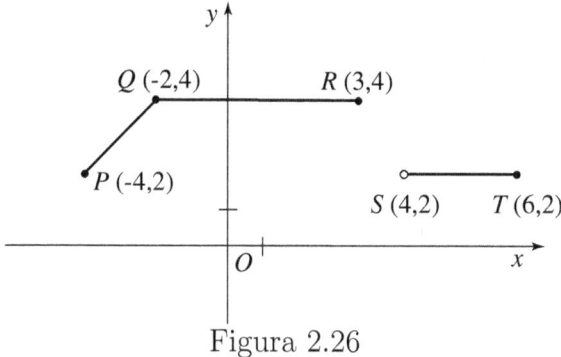

Figura 2.26

e detta f la sua legge di associazione:

a) dire quale è il dominio A e quale il codominio $f(A)$.

b) trovare una rappresentazione analitica di f.

Risolvendo!

Ricordando che, noto il diagramma di una funzione, il dominio ed il codominio si trovano proiettando (ortogonalmente) il diagramma sull'asse delle ascisse e su quello delle ordinate, si ha:

$$A = [-4,3] \cup (4,6] \qquad (2.8)$$
$$f(A) = [2,4] \qquad (2.9)$$

Il "pezzo" di diagramma costituito dal segmento PQ è contenuto nella retta determinata dai punti P e Q la cui equazione esplicita è:

$$y = x + 6$$

Se facciamo assumere alla lettera x (che compare in tale equazione) solo i valori dell'intervallo $[-4, -2]$, abbiamo la rappresentazione analitica del segmento PQ.
In definitiva si ha:

$$f : y = f(x) = \begin{cases} x + 6 & , \quad x \in [-4, -2] \\ 4 & , \quad x \in (-2, 3] \\ 2 & , \quad x \in (4, 6] \end{cases}$$

Ha capito quello che abbiamo fatto?
Se ha capito, risolva gli esercizi 11 e 12, altrimenti si faccia aiutare da qualche Compagno!

Esercizio 2.11 *Data la funzione il cui diagramma (cartesiano) è:*

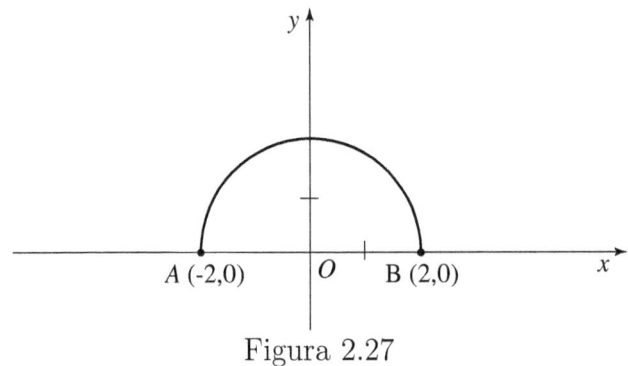

Figura 2.27

e detta f la sua legge di associazione:

a) *dire quale è il dominio A e quale il codominio $f(A)$.*

b) *trovare una rappresentazione analitica di f.*

Esercizio 2.12 *Data la funzione il cui diagramma (cartesiano) è:*

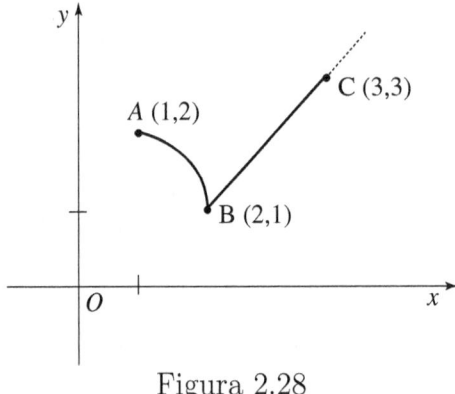

Figura 2.28

e detta f la sua legge di associazione:

a) *dire quale è il dominio A e quale il codominio $f(A)$.*

b) *trovare una rappresentazione analitica di f.*

Esercizio 2.13 *Disegnare il diagramma (cartesiano) della funzione:*

$$f: y = f(x) = x - [x] \quad , \quad x \in A = [-5, 3]$$

Esercizio 2.14 *Data una funzione $f : y = f(x)$, $x \in A \subseteq \mathbb{R}$ ed un numero $a \neq 0$, dire che relazione c'è tra il diagramma della funzione data e quelli delle funzioni:*

a) $f_1 : y = f_1(x) = f(x) + a$, $x \in A \subseteq \mathbb{R}$

b) $|f| : y = |f|(x) = |f(x)|$, $x \in A \subseteq \mathbb{R}$

Come costruire funzioni a partire da "formule"

Esercizio 2.15 *Costruire la funzione la cui legge di associazione f abbia come rappresentazione analitica una delle seguenti formule:*

a) $y = 4/(x-2)$

b) $y = 3/(x^2 - 4)$

c) $y = \sqrt{x}\left(\sqrt{x+1} - \sqrt{x}\right)$

d) $y = \sqrt{-x}$

e) $y = \sqrt{|x| - 1}$

f) $y = \dfrac{1}{x \cdot |x| + 1}$

g) $y = \sqrt{\dfrac{|x|}{x+1}}$

h) $y = \dfrac{x^2 - 1}{[x]}$

i) $y = \dfrac{\sqrt{x-1}}{x \cdot |x| - [x]}$

Esercizio 2.16 *È certo che a partire dalle due "formule"*

$$y = \sqrt{\dfrac{x+1}{x-1}} \quad e \quad y = \dfrac{\sqrt{x+1}}{\sqrt{x-1}}$$

si costruisce la stessa funzione?

Esercizi sulle funzioni monotòne

Esercizio 2.17 *Se f è una funzione monotòna crescente, $|f|$ lo è pure?*

Esercizio 2.18 *Date due funzioni f e g tali da poter costruire la funzione composta $g \circ f$, dire, delle seguenti affermazioni, quali sono sempre vere, quali sono sempre false e quali dipendono dalle funzioni f e g:*

a) *se f e g sono funzioni monotòne crescenti, $g \circ f$ è monotòna crescente.*

b) *se f e g sono funzioni monotòne decrescenti, $g \circ f$ è una funzione monotòna crescente.*

c) *se f è una funzione monotòna crescente e g è monotòna decrescente, allora $g \circ f$ è una funzione monotòna decrescente.*

d) *se f è una funzione monotòna decrescente e g è una funzione monotòna crescente, allora $g \circ f$ è una funzione monotòna decrescente.*

A titolo di esempio, esaminiamo l'affermazione b).

Poiché f è monotòna decrescente, presi due numeri x_1 e x_2 del suo dominio, si ha:

$$x_1 < x_2 \implies f(x_1) > f(x_2) \; ;$$

poiché anche g è monotòna decrescente, allora:

$$f(x_1) > f(x_2) \implies g[f(x_1)] < g[f(x_2)]$$

Tenendo presente la definizione di $g \circ f$, risulta infine:

$$x_1 < x_2 \implies g[f(x_1)] < g[f(x_2)]$$

quindi la funzione $g \circ f$ è monotòna crescente.

Esercizi sul concetto d'immagine inversa di un numero e di un insieme

Esercizio 2.19 *Data la funzione* $f : y = f(x) = 1/x$, $x \in A = (0, +\infty)$, *trovare:*
$f^{-1}(-3)$, $f^{-1}(0)$, $f^{-1}(5)$, $f^{-1}(10)$.

Esercizio 2.20 *Data una funzione* $f : y = f(x)$, $x \in A \subseteq \mathbb{R}$, *dire se le seguenti affermazioni sono vere o false:*

1) *se* $\forall\, y \in \mathbb{R}$ *risulta* $f^{-1}(y) \neq \emptyset$ *allora* f *ha per codominio* $\mathbb{R}$.

2) *se* $\forall\, y \in \mathbb{R}$ *risulta* $f^{-1}(y)$ *costituito da un solo elemento allora* f *è invertibile ed ha per codominio* $\mathbb{R}$.

Esercizio 2.21 *Trovare l'immagine inversa dell'insieme* C *nei seguenti* casi:

a)
$$C = (-\infty, 0), \quad f: y = f(x) = \begin{cases} 4 - 3x, & x \in (-\infty, 2) \\ 3x + 5, & x \in [2, +\infty) \end{cases}$$

b)
$$C = (-1, 1), \quad f: y = f(x) = \begin{cases} |x|, & x \in (-2, 2) \\ 4 - |x|, & x \in \mathbb{R} - (-2, 2) \end{cases}$$

c)
$$C = (3, 4), \quad f: y = f(x) = \begin{cases} |x|, & x \in (-2, 5) \\ 7 - |x - 3|, & x \in \mathbb{R} - (-2, 5) \end{cases}$$

d)
$$C = [-2, 4], \quad f: y = f(x) = 3x + 4, \quad x \in A = (-\infty, +\infty)$$

Esercizi sulle funzioni limitate

Esercizio 2.22 *Se $f: y = f(x)$, $x \in A \subseteq \mathbb{R}$ è una funzione dotata di minimo e di massimo assoluto: m e M, dire quali della seguenti affermazioni sono vere:*

a) *f è limitata.*

b) *$|f|$ è limitata.*

c) *$|f|$ ha il massimo assoluto e può essere $\neq M$.*

d) *$|f|$ è limitata inferiormente ma può non avere il minimo assoluto.*

Esercizio 2.23 *Dire se la funzione $f: y = f(x) = x - [x]$, $x \in A = (-\infty, +\infty)$ è limitata e, se lo è, quali sono i suoi estremi.*

Esercizio 2.24 *Data una funzione $f: y = f(x)$, $x \in A \subseteq \mathbb{R}$, con $f(x) \neq 0$, la funzione $g: y = g(x) = \dfrac{f(x)}{|f(x)|}$, $x \in A \subseteq \mathbb{R}$ è limitata?*

Esercizio 2.25 *Verificare che la funzione $f: y = f(x) = x^2 - 2x$, $x \in A = \mathbb{R}$ ha minimo assoluto $m_f = -1$ ma non è limitata superiormente.*

Esercizio 2.26 *Se f è una funzione limitata, come deve essere il suo estremo inferiore affinché il suo diagramma (cartesiano) si trovi nel semipiano delle y positive?*

Esercizio 2.27 *Se f è una funzione limitata, è certo che:*
$$\Lambda_{|f|} = massimo\{|\lambda_f|, |\Lambda_f|\} \ ?$$

Esercizio 2.28 *Se $f: y = f(x)$, $x \in A = (0, +\infty)$ è monotòna decrescente, è certo che è superiormente limitata?*

Esercizio 2.29 *Se $f: y = f(x)$, $x \in A = [a,b]$ è monotòna crescente, è certo che $\Lambda_f = f(b)$?*

Esercizio 2.30 *Se f e g sono due funzioni limitate e tali che si possa costruire la funzione somma $f + g$, quest'ultima è limitata?*

Risolviamo l'esercizio 30!

Dalla limitatezza di f e g segue che:
$$\lambda_f \leq f(x) \leq \Lambda_f$$
$$e \quad \lambda_g \leq g(x) \leq \Lambda_g$$

Dalle diseguaglianze scritte segue poi:
$$\lambda_f + \lambda_g \leq f(x) + g(x) \leq \Lambda_f + \Lambda_g$$

quindi $f + g$ è limitata.

Esercizi sulla funzione inversa

Esercizio 2.31 *Se f è una funzione invertibile e limitata, è certo che la sua funzione inversa è limitata?*

Esercizio 2.32 *Data una funzione f, è certo che è invertibile se e solo se l'immagine inversa di ogni elemento del suo codominio è costituita da un solo elemento?*

Esercizio 2.33 *Se una funzione non è invertibile, è certo che ha qualche restrizione invertibile?*

Esercizio 2.34 *Dire se la funzione costruita a partire dalla "formula" $y = \sqrt{1-x}$ è invertibile e, se lo è, trovare la funzione inversa.*

Esercizio 2.35 *È certo che se una funzione non è né pari né periodica è invertibile?*

Esercizi sulle funzioni composte

Esercizio 2.36 *Dire se a partire dalle funzioni:*

$$f: y = f(x) = x^2 + 1 \quad , \quad x \in A = (-\infty, +\infty)$$
$$g: y = g(x) = \sqrt{x-1} \quad , \quad x \in B = [1, +\infty)$$

si può costruire la funzione composta $g \circ f$; se ciò è possibile, costruirla.

Esercizio 2.37 *Data la "formula" $y = \sqrt{|x|-1}$:*

a) *costruire la funzione, la cui legge di associazione sia da essa rappresentata.*

b) *dire se si tratta di una funzione composta ed, in caso affermativo, quali sono le funzioni componenti.*

Esercizio 2.38 *Data la funzione $f: y = f(x) = \sqrt{|x|-1}$, $x \in A = (-\infty, -1] \cup [1, +\infty)$, dire se è possibile costruire la funzione $f \circ f$.*

Esercizio 2.39 *Se f è una funzione composta da più di due funzioni, è certo che è limitata se e solo se lo è l'ultima funzione componente?*

Esercizi riassuntivi

Di ciascuna delle funzioni le cui leggi di associazione sono rappresentate dalle seguenti "formule":

1) $y = \dfrac{\sqrt{x}}{x-2}$

2) $y = \dfrac{\sqrt{x-1}}{x^2-4}$

3) $y = \sqrt{\dfrac{|x|}{x+1}}$

4) $y = \sqrt{x+1} - \sqrt{x}$

5) $y = [x^2]$

dire, se si tratta di una funzione somma, differenza, prodotto, quoziente o di una funzione composta. Nei singoli casi, dire inoltre, quali sono le funzioni a partire dalle quali detta funzione è stata costruita.

Risposte agli esercizi del Capitolo 2

Esercizi sul concetto di funzione

Risposta 2.1

a) *Dipende da f*

b) *Dipende da f*

c) *Vera*

d) *Falsa*

Risposta 2.2
$f(1) = \sqrt{2}$; $f(2) = \sqrt{1/2}$; $f(3) = 0$

Risposta 2.4

a) *Si*

c) $f(A) = (-1, +\infty)$

Risposta 2.5

a) $A = (-\infty, +\infty)$

b) $f(-5) = -1$; $f(-7^3) = -1$; $f(0) = 3$; $f(2/3) = 0$

b)

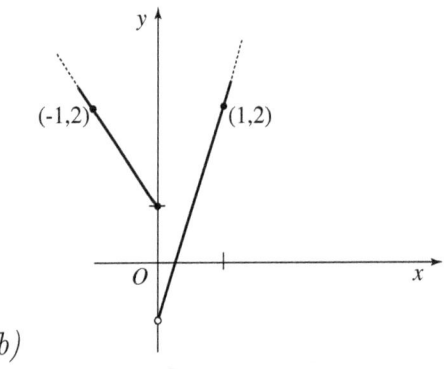

Figura 2.29

c)

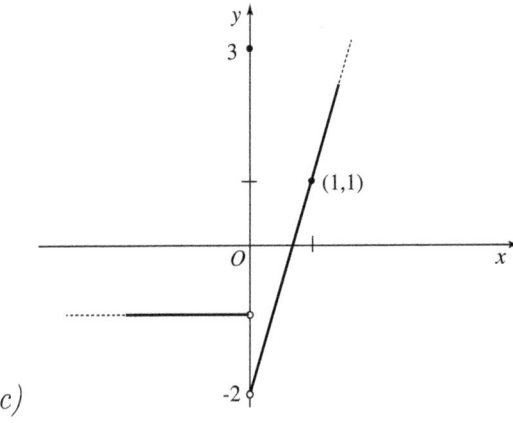

Figura 2.30

d) $f(A) = (-2, +\infty)$

e) No

Risposta 2.6

a) $A = [-5, 25]$

b) Si

c) $f: y = f(x) = \begin{cases} 1-x &, \quad x \in [-5,-1] \\ x+1 &, \quad x \in (-1,0] \\ 1 &, \quad x \in (0,25] \end{cases}$

Risposta 2.7

Si

Risposta 2.8

b) No

Risposta 2.9

a) Si

b) No

c) Si

d) Si

e) Si

Risposta 2.11

a) $A = [-2,2]$; $f(A) = [0,2]$

b) $f: y = f(x) = \sqrt{4-x^2}$, $x \in A = [-2,2]$

Risposta 2.12

a) $A = [1,+\infty)$; $f(A) = [1,+\infty)$

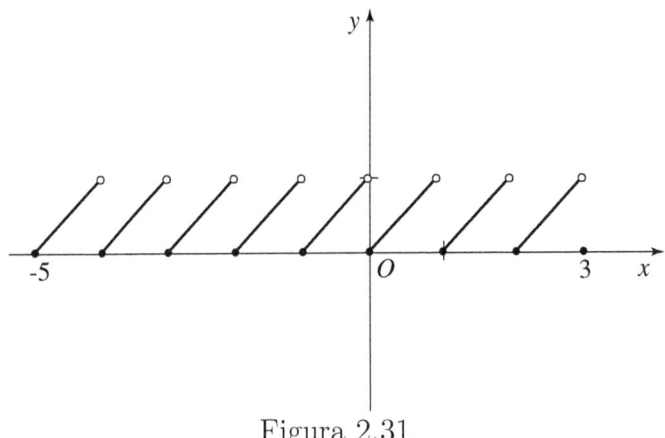

Figura 2.31

b) $f: y = f(x) = \begin{cases} 1 + \sqrt{2x - x^2} &, \quad x \in [1, 2] \\ 2x - 3 &, \quad x \in (2, +\infty) \end{cases}$

Risposta 2.13

Risposta 2.14

a) Il diagramma di f_1 è ottenuto da quello di f, traslandolo di a nella direzione dell'asse delle y

b) Il diagramma di $|f|$ è ottenuto da quello di f "ribaltandone" nel semipiano delle y positive i "pezzi" che si trovano "al di sotto" dell'asse delle x

Come costruire funzioni

Risposta 2.15

a) $A = (-\infty, 2) \cup (2, +\infty)$

b) $A = (-\infty, -2) \cup (-2, 2) \cup (2, +\infty)$

c) $A = [0, +\infty)$

d) $A = (-\infty, 0]$

e) $A = (-\infty, -1] \cup [1, +\infty)$

f) $A = (-\infty, -1) \cup (-1 + \infty)$

g) $A = (-1, +\infty)$

h) $A = (-\infty, 0) \cup [1, +\infty)$

i) $A = (1, +\infty)$

Risposta 2.16

No. A partire dalla seconda "formula" si costruisce una funzione che è una restrizione di quella costruita a partire dalla prima ("formula")

Esercizi sulle funzioni monotòne

Risposta 2.17

Dipende da f

Risposta 2.18

a) *Vera*

c) *Vera*

d) *Vera*

Esercizi sul concetto d'immagine inversa di un numero e di un insieme

Risposta 2.19
$f^{-1}(-3) = \{-1/3\}$; $f^{-1}(0) = \emptyset$; $f^{-1}(5) = \{1/5\}$; $f^{-1}(10) = \{1/10\}$

Risposta 2.20

a) Vera

b) Vera

Risposta 2.21

a) $f^{-1}(C) = (4/3, 2)$

b) $f^{-1}(C) = (-5, -3) \cup (-1, 1) \cup (3, 5)$

c) $f^{-1}(C) = (3, 4) \cup (6, 7)$

d) $f^{-1}(C) = [-2, 0]$

Esercizi sulle funzioni limitate

Risposta 2.22

a) Vera

b) Vera

c) Vera

d) Vera

Risposta 2.23
È limitata; $\lambda_f = m_f = 0$ e $\Lambda_f = 1$

Risposta 2.24

Si

Risposta 2.26

Positivo

Risposta 2.27

Si

Risposta 2.28

Si

Risposta 2.29

Si

Esercizi sulla funzione inversa

Risposta 2.30

No

Risposta 2.31

Si

Risposta 2.32

No

Risposta 2.33

Si ; $f^{-1}: \; x = f^{-1}(y) = 1 - y^2$, $y \in [0, +\infty)$

Risposta 2.34

No

Esercizi sulle funzioni composte

Risposta 2.35

Si.

Risposta 2.36

a) $f : y = f(x) = \sqrt{|x|-1}$, $x \in A = (-\infty, -1] \cup [1, +\infty)$

b) si ; $f_1 : u = f_1(x) = |x| - 1$, $x \in A$
$ f_2 : y = f_2(u) = \sqrt{u}$, $u \in [0, +\infty)$

Risposta 2.37

No

Risposta 2.38

Si

Esercizi riassuntivi

1) $f : y = f(x) = \dfrac{\sqrt{x}}{x-2}$, $x \in A = [0, 2) \cup (2, +\infty)$
è una funzione quoziente f_1/f_2 ove:

$f_1 : y = f_1(x) = \sqrt{x}$, $x \in A$
$f_2 : y = f_2(x) = x - 2$, $x \in A$

2) $f : y = f(x) = \dfrac{\sqrt{x-1}}{x^2-4}$, $x \in A = [1, 2) \cup (2, +\infty)$
è funzione quoziente f_1/f_2 ove:

$$f_1 : y = f_1(x) = \sqrt{x-1} \quad , \quad x \in A$$
$$f_2 : y = f_2(x) = x^2 - 4 \quad , \quad x \in A$$

3) $f : y = f(x) = \sqrt{\dfrac{|x|}{x+1}}$, $x \in A = (-1, +\infty)$
è funzione composta $f_2 \circ f_1$ ove:

$$f_1 : u = f_1(x) = \dfrac{|x|}{x+1} \quad , \quad x \in A$$
$$f_2 : y = f_2(u) = \sqrt{u} \quad , \quad u \in f(A)$$

4) $f : y = f(x) = \sqrt{x+1} - \sqrt{x}$, $x \in A = [0, +\infty)$
è funzione differenza $f_1 - f_2$ ove:

$$f_1 : y = f_1(x) = \sqrt{x+1} \quad , \quad x \in A$$
$$f_2 : y = f_2(x) = \sqrt{x} \quad , \quad x \in A$$

5) $f : y = f(x) = [x^2]$, $x \in A = (-\infty, +\infty)$
è funzione composta $f_2 \circ f_1$ ove

$$f_1 : u = f_1(x) = x^2 \quad , \quad x \in A$$
$$f_2 : y = f_2(u) = [u] \quad , \quad u \in f(A)$$

Capitolo 3

Le funzioni goniometriche

In questo capitolo introdurremo le *funzioni goniometriche* e ne metteremo in evidenza alcune *proprietà*.
Per fare ciò è necessario precisare i concetti di:

- angolo orientato,

- angoli orientati somma e differenza,

- angoli orientati uguali tra loro,

- angolo orientato in posizione normale,

- seno, coseno, tangente, ecc... di un angolo orientato,

- misura in radianti di un angolo orientato,

- seno, coseno, tangente, ecc... di un numero.

Tutti questi concetti sono noti allo Studente dalle Scuole Superiori, tuttavia per una maggiore tranquillità, li ripetiamo.

Avvertiamo che la definizione di *angolo orientato* verrà qui data in modo diverso.
Tale scelta è dovuta al fatto che la nuova definizione ci permette di definire in modo agile le *funzioni goniometriche*.

3.1 Definizione di angolo orientato

La nuova definizione di angolo orientato è questa:

> *Definizione di angolo orientato*
> **Si chiama *angolo orientato* qualunque coppia ordinata (s,t) di semirette aventi lo stesso punto origine O. Il punto O si chiama *vertice*; la semiretta s, *semiretta origine* e la semiretta t, *semiretta estremo*.**

Per esprimere graficamente un angolo orientato, si disegna un archetto frecciato che va da un punto della semiretta origine ad un punto della semiretta estremo; per ogni angolo orientato (s,t) abbiamo quindi due possibili rappresentazioni grafiche, come appare chiaro nelle figure seguenti:

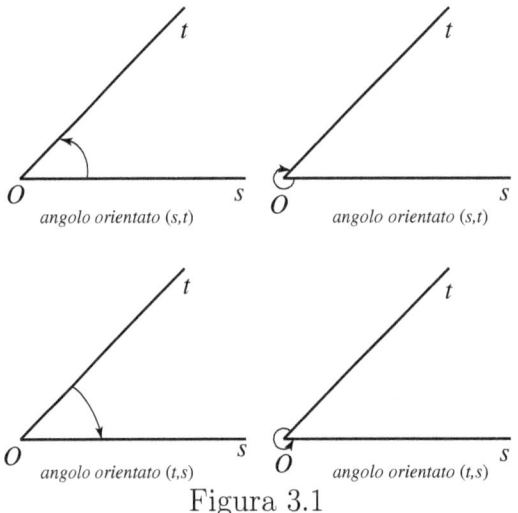

Figura 3.1

Nel seguito utilizzeremo indifferentemente l'una o l'altra rappresentazione perché, nella definizione che abbiamo dato di angolo orientato, non interessano le regioni di piano, ma unicamente le semirette considerate in un dato ordine.

Se è $s = t$, l'angolo orientato si chiama *angolo nullo*.

§ 3.2 Definizione di angolo tra due rette

Se invece s e t sono le due semirette secondo cui un punto O divide una retta, sia l'angolo orientato (s,t) che l'angolo orientato (t,s) si chiama *angolo piatto*:

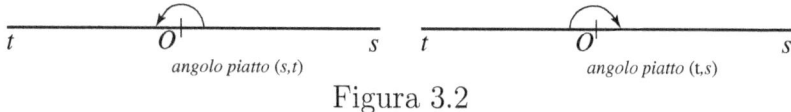

angolo piatto (s,t)   angolo piatto (t,s)

Figura 3.2

Gli angoli orientati (s,t) e (t,s) sono detti angoli *opposti*.

Alla luce della definizione data, vogliamo precisare che cosa si deve intendere per angolo tra due rette r e s incidenti in un punto O.

3.2 Definizione di angolo tra due rette

Spesso ci troviamo nella necessità di parlare di "angolo tra due rette r e s incidenti in un punto O".

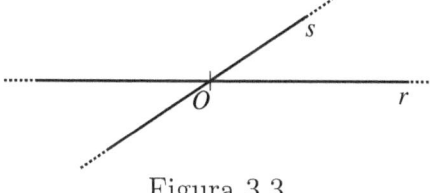

Figura 3.3

Osserviamo che il punto O divide ciascuna retta in due semirette ed esattamente:

– la retta r nelle semirette r' e r''

– la retta s nelle semirette s' e s''

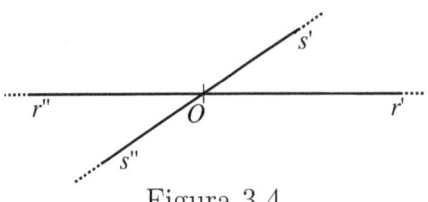

Figura 3.4

per cui avendo definito come angolo orientato una coppia ordinata di semirette, se non introduciamo qualche convenzione non sappiamo quale dei seguenti otto angoli orientati:

$$(r', s') \quad (s', r')$$
$$(r', s'') \quad (s'', r')$$
$$(r'', s') \quad (s', r'')$$
$$(r'', s'') \quad (s'', r'')$$

sia da riguardare come l'angolo formato dalle rette r e s.
Per togliere tale indeterminazione, orientiamo ciascuna delle due rette r e s, ad esempio come nella figura seguente:

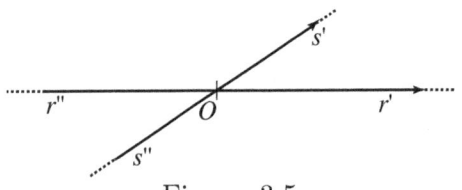

Figura 3.5

e poniamo le seguenti definizioni:

Definizione di angolo
Si chiama *angolo* che la retta (orientata) r forma con la retta (orientata) s e si denota con il simbolo $\widehat{rs}$, la coppia ordinata costituita dalla semiretta positiva di r e dalla semiretta positiva di s.

Se le rette r e s sono orientate come nella figura precedente, si ha:

$$\widehat{rs} = (r', s')$$

§ 3.3 Definizione di angolo somma ed angolo differenza

In generale uno qualsiasi dei quattro angoli orientati $(r', s'), (r', s''), (r'', s'), (r'', s'')$ può essere l'angolo $\widehat{rs}$; la scelta dipende dall'orientamento assunto di volta in volta sulle rette r e s.

> **Si chiama *angolo* che la retta (orientata) s forma con la retta (orientata) r e si denota con il simbolo $\widehat{sr}$, la coppia ordinata costituita dalla semiretta positiva di s e dalla semiretta positiva di r.**

Se le rette r e s sono orientate come nella figura precedente, si ha:

$$\widehat{sr} = (s', r')$$

In generale, anche qui, uno qualsiasi dei quattro angoli orientati $(s', r'), (s'', r'), (s', r''), (s'', r'')$ può essere l'angolo $\widehat{sr}$; la scelta dipende dall'orientamento assunto di volta in volta sulle rette r e s.
È facile convincersi che gli angoli $\widehat{rs}$ e $\widehat{sr}$ sono angoli opposti tra loro.

A volte interessa sommare o sottrarre angoli orientati. Precisiamo questi concetti dando le definizioni di *angolo somma* ed *angolo differenza* di due angoli orientati.

3.3 Definizione di angolo somma ed angolo differenza

> *Definizione di angolo somma*
> **Dati due angoli orientati (s, t) e (s', t') si chiama *angolo somma* di (s, t) con (s', t') e si denota con il simbolo:**
>
> $$(s, t) + (s', t')$$
>
> **quell'angolo orientato che si costruisce così:**
> **si sposta con un movimento rigido (s', t') fino a far coincidere s' con t; alla coppia ordinata (s, t') si dà il nome di angolo somma di (s, t) con (s', t'); in simboli:**
>
> $$(s, t) + (s', t') = (s, t')$$

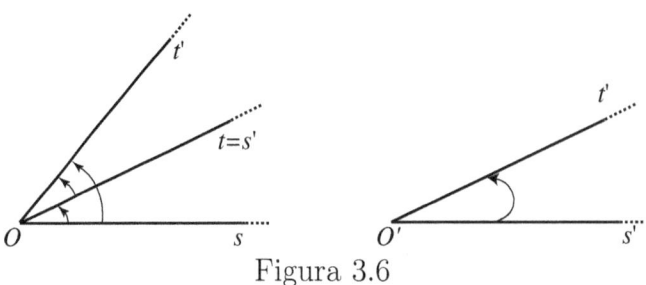
Figura 3.6

Le seguenti figure chiariscono la definizione data:

È facile convincersi che l'angolo somma di due angoli opposti è l'angolo nullo:

$$(s,t) + (t,s) = (s,s) \quad \text{angolo nullo}$$

Definiamo ora *angolo differenza* fra due angoli orientati (s,t) e (s',t').

> *Definizione di angolo differenza*
> **Dati due angoli orientati (s,t) e (s',t'), si chiama angolo differenza di(s,t) con (s',t') e si denota con $(s,t) - (s',t')$, l'angolo orientato così definito:**
>
> $$(s,t) - (s',t') = (s,t) + (t',s') = (s,s')$$

Anche in questo caso le figure chiariscono la definizione data:

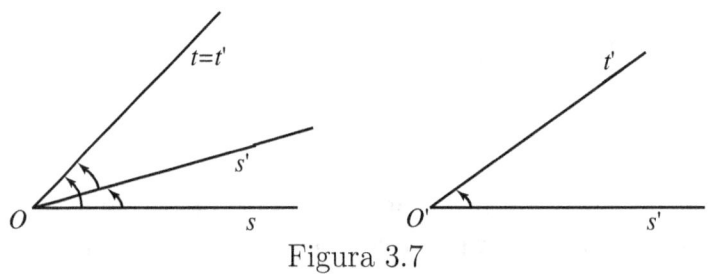
Figura 3.7

Definiamo ora che cosa si debba intendere per *angoli orientati uguali*.

3.4 Definizione di angoli orientati uguali - Angolo orientato in posizione normale

Definizione di angoli uguali
Due angoli orientati (s,t) e (s',t') si dicono *uguali tra loro* e si scrive:

$$(s,t) = (s',t')$$

se con un movimento rigido si può far coincidere s con s' e t con t'.

I due angoli orientati delle figure 1) e 2) sono uguali tra loro mentre quelli delle figure 1) e 3) non lo sono:

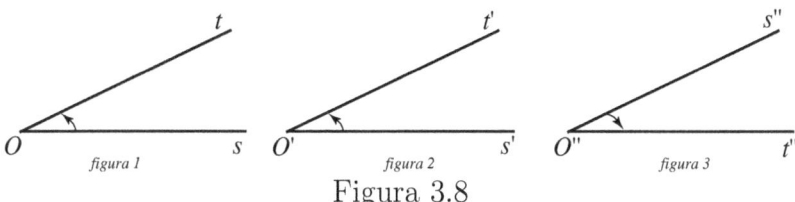

Figura 3.8

Nel piano vi sono infiniti angoli orientati tra loro uguali (in completo disordine); di essi vogliamo scegliere un "rappresentante".
La scelta la facciamo così:

I) introduciamo nel piano un sistema di coordinate cartesiane Oxy ortogonale e monometrico.

II) scegliamo come "rappresentante" dell'insieme di tutti gli angoli uguali, quello tra essi che ha il *vertice* nel punto origine del sistema e la *semiretta origine* coincidente con il semiasse positivo delle x:

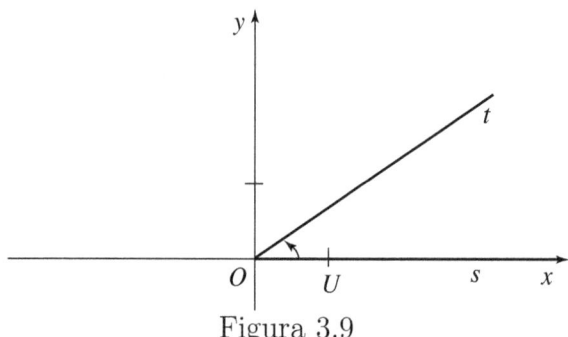

Figura 3.9

Tale "rappresentante" si chiama "angolo orientato in posizione normale". Di esso ci serviremo in tutte le nostre considerazioni future.

Consideriamo ora la circonferenza, avente *centro* in O e *raggio* uguale all'unità di misura del sistema di coordinate cartesiane fissato.

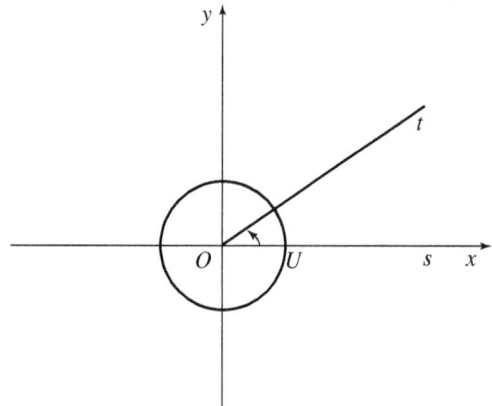

Figura 3.10

Tale circonferenza viene chiamata *circonferenza goniometrica* e, tenendo presente la (1.21), la sua equazione è:

$$x^2 + y^2 = 1 \qquad (3.1)$$

Preso un qualunque angolo orientato (s,t) in posizione normale, la *semi-retta origine s* "taglia" la circonferenza goniometrica nel punto $U(1,0)$

§ 3.4 Angoli orientati uguali - in posizione normale 139

mentre la *semiretta estremo* t la "taglia" in un punto $P(x,y)$ che varia al variare di t, quindi dell'angolo orientato (s,t).
È facile convincersi che:

- se l'angolo orientato (s,t) è l'angolo nullo, cioè se è $s=t$ allora il punto P coincide con il punto U; in tutti gli altri casi risulta $P \neq U$.

- vi è corrispondenza biunivoca tra gli angoli orientati (s,t) in posizione normale ed i punti $P(x,y)$ della circonferenza goniometrica. Per esprimere questo fatto scriviamo:
$$(s,t) \longleftrightarrow P(x,y)$$

- ad angoli orientati in posizione normale tra loro opposti corrispondono punti della circonferenza goniometrica simmetrici rispetto all'asse delle x, quindi aventi la stessa ascissa ed ordinata opposta:
$$\begin{aligned}(s,t) &\longleftrightarrow P(x,y) \\ (t,s) &\longleftrightarrow P'(x,-y)\end{aligned} \qquad (3.2)$$

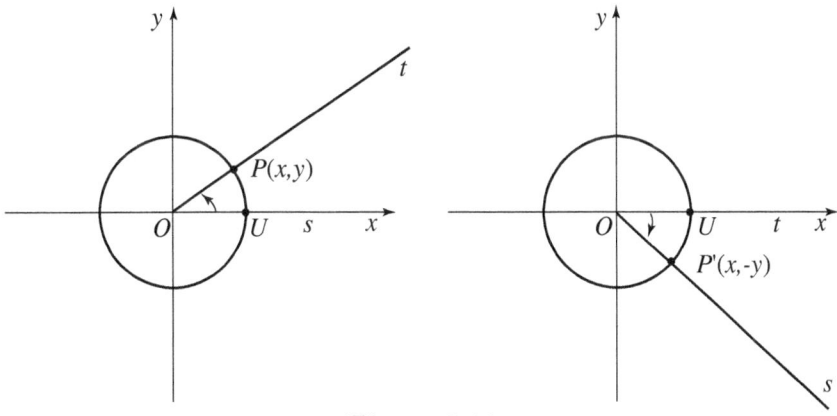

Figura 3.11

Siamo ora in grado di dare le definizioni *di coseno* e *di seno di un angolo orientato*.

Diamole!

3.5 Definizioni di coseno e di seno di un angolo orientato

Dato un qualunque angolo orientato (s,t) in posizione normale sia $P(x,y)$ il punto della circonferenza goniometrica ad esso corrispondente.

> Si chiama *coseno* di (s,t), e si denota con il simbolo $\cos(s,t)$, l'ascissa del punto P, mentre si chiama *seno* di (s,t), e si denota con il simbolo $\sin(s,t)$, l'ordinata del punto P:

$$\cos(s,t) = x \qquad (3.3)$$
$$\sin(s,t) = y$$

Da tali definizioni e dalle (3.2) segue che:

- *angoli orientati opposti*: (s,t) e (t,s) hanno lo *stesso coseno* e *seno opposto*:

$$\cos(t,s) = \cos(s,t)$$
$$\sin(t,s) = -\sin(s,t)$$

- Essendo, per definizione, $\cos(s,t) = x$ e $\sin(s,t) = y$ ed essendo poi $P(x,y)$ un punto della circonferenza goniometrica d'equazione $x^2 + y^2 = 1$, si ha:

$$\cos^2(s,t) + \sin^2(s,t) = 1 \quad [1] \qquad (3.4)$$

La (3.4) è nota come *relazione fondamentale della goniometria*. Conseguenze immediate di essa sono:

$$|\cos(s,t)| \leq 1 \quad \text{e} \quad |\sin(s,t)| \leq 1 \qquad (3.5)$$

Ci chiediamo ora:

---
[1] Per snellire le notazioni si suol scrivere $\cos^2(s,t)$ invece di $(\cos(s,t))^2$ ed analogamente $\sin^2(s,t)$ invece di $(\sin(s,t))^2$.

§ 3.5 Definizioni di coseno e di seno di un angolo orientato

se di un angolo orientato (s,t) conosciamo il coseno ed il seno, siamo in condizioni di disegnare il suo rappresentante in posizione normale?

Basta rileggere quanto abbiamo scritto nel paragrafo 3.4 per rispondere di si.

La semiretta s è infatti il semiasse positivo delle x; la semiretta t è quella semiretta che ha appunto come origine, l'origine delle coordinate e passa per il punto $P(\cos(s,t), \sin(s,t))$:

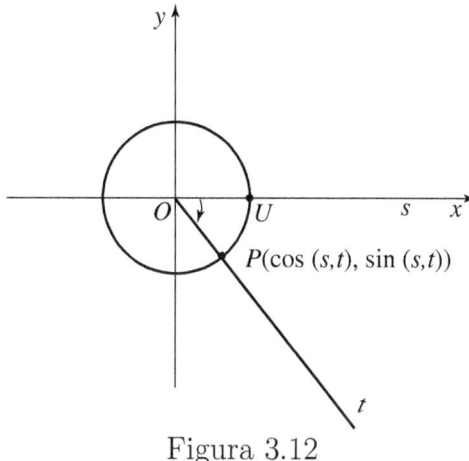

Figura 3.12

Nel paragrafo 3.4 abbiamo detto quando due angoli orientati (s,t) e (s',t') sono uguali tra loro. Se non sono uguali, è possibile stabilire quale dei due è "più grande" dell'altro?

Questo problema si risolverebbe se riuscissimo a definire una misura per gli angoli orientati. Verrebbe infatti naturale dire che (s,t) è "più grande" di (s',t') se risulta:

$$mis(s,t) > mis(s',t') \tag{3.6}$$

Bene, questo sarà il nostro criterio di confronto tra angoli orientati una volta che avremo definito una misura per essi.

Tentiamo allora di definire una misura per gli angoli orientati!

3.6 Misura in radianti di un angolo orientato

Ricordiamo che per misurare una "grandezza" occorre dare un "procedimento" mediante il quale si associa alla "grandezza" in questione un numero che prende il nome di *misura* della "grandezza" stessa.

Ciò premesso, andiamo a misurare la grandezza "angolo orientato" e per fare ciò occorre appunto ideare un "procedimento".
Desideriamo che il "procedimento" da ideare ci fornisca una misura dell'angolo orientato che verifichi le seguenti condizioni che sono in accordo con la nostra intuizione:

I) se è $(s,t) = (s',t')$ allora $mis(s,t) = mis(s',t')$.

II) dati due angoli orientati (s,t), (s',t') e costruito l'angolo somma $(s,t)+(s',t')$, si abbia: $mis\left((s,t) + (s',t')\right) = mis(s,t) + mis(s',t')$

Da che parte si inizia?
Nel paragrafo 3.4 abbiamo visto che ad ogni angolo orientato (s,t) in posizione normale restano associati due punti: $U(1,0)$ e $P(x,y)$ della circonferenza goniometrica che dividono quest'ultima in due archi:

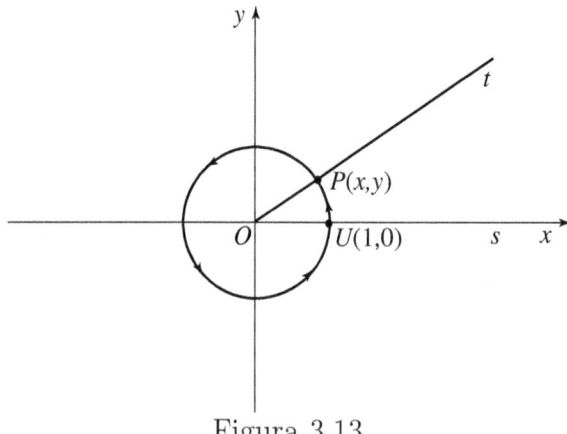

Figura 3.13

Fissiamo allora sulla circonferenza un *verso positivo di percorrenza*, ad esempio quello *antiorario* e dei due archi di estremi U e P prendiamo in

§ 3.6 Misura in radianti di un angolo orientato

considerazione quello che viene descritto da un punto mobile che muovendosi da U verso P percorre la circonferenza nel verso assunto come positivo cioè in senso antiorario.

Se denotiamo con $\widehat{UP}$ tale arco, possiamo scrivere:

$$(s,t) \longleftrightarrow \widehat{UP} \tag{3.7}$$

in quanto vi è corrispondenza biunivoca tra gli angoli orientati in posizione normale e gli archi della circonferenza goniometrica scelti con il criterio prima detto.
In particolare:

- all'*angolo nullo* corrisponde l'arco $\widehat{UU}$ che chiamiamo *arco nullo*.

- all'*angolo piatto* corrisponde l'arco $\widehat{UP}$ costituito dalla semicirconferenza situata nel semipiano delle $y > 0$.

A questo punto, data la corrispondenza biunivoca (3.7) possiamo assumere come *misura dell'angolo orientato* (s,t) la *misura dell'arco* $\widehat{UP}$ ad esso corrispondente; possiamo cioè porre:

$$mis(s,t) = mis\ \widehat{UP} \tag{3.8}$$

Come facciamo però a misurare l'arco $\widehat{UP}$?
Il sistema di coordinate sulla retta ci suggerisce la via da seguire:

basta fissare sulla circonferenza goniometrica un arco $\widehat{UN}$ come unità di misura e confrontarlo con l'arco $\widehat{UP}$ da misurare.

La scelta dell'arco $\widehat{UN}$ è ovviamente arbitraria per cui si pone il problema di decidere quale sia l'arco $\widehat{UN}$ "più opportuno" da assumere come unità di misura degli archi. L'arco $\widehat{UN}$ più opportuno è senza dubbio quello che ha la stessa lunghezza del raggio della circonferenza a cui esso appartiene. Tale scelta infatti consente di stabilire la relazione che esiste tra la lunghezza del raggio e quella della circonferenza.

Nel caso in questione poiché la circonferenza è quella goniometrica il cui raggio è il segmento OU, che è l'unità di misura, sceglieremo $\widehat{UN}$ in modo tale che risulti:

$$mis\,\widehat{UN} = mis\,OU = 1 \qquad (3.9)$$

L'angolo orientato (s,t) che corrisponde a tale arco si chiama *angolo radiante* e nel futuro sarà la nostra unità di misura degli angoli orientati.

Ora che abbiamo deciso quale arco $\widehat{UN}$ scegliere come unità di misura, si pone il problema di come determinare sulla circonferenza il punto N in modo che l'arco $\widehat{UN}$ verifichi la (3.9).

Tale problema è stato risolto; la sua soluzione ha permesso di ricavare questa famosa formula:

$$mis\,\text{circonferenza} = 2\pi \cdot mis\,\text{raggio} \qquad (3.10)$$

nota allo Studente fin dalle Scuole Elementari.

Non possiamo qui esporre il metodo usato per risolverlo perché è basato su "strumenti matematici" ancora sconosciuti allo Studente. Tentiamo allora di determinare il punto N con un "metodo empirico". Disegnamo la circonferenza goniometrica e su di essa una freccetta per denotare il verso positivo di percorrenza (senso antiorario).
Disegnamo poi la retta r passante per U, parallela all'asse delle y e fissiamo su di essa il punto $N'(1,1)$.

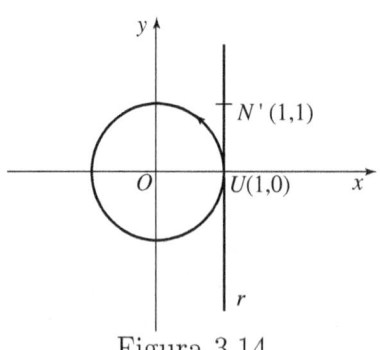

Figura 3.14

§ 3.6 Misura in radianti di un angolo orientato

La misura del segmento UN' è ovviamente uno, quindi risulta:

$$UN' = OU$$

Se avvolgiamo attorno alla circonferenza goniometrica nel *verso positivo* il segmento UN', il punto N' si sovrappone ad un punto N di essa. Tale punto N è il punto cercato quindi il problema è risolto.

Finalmente disponiamo dell'unità di misura desiderata per la misura degli archi della circonferenza goniometrica e quindi siamo in condizione, per la (3.8), di misurare gli angoli orientati in radianti.

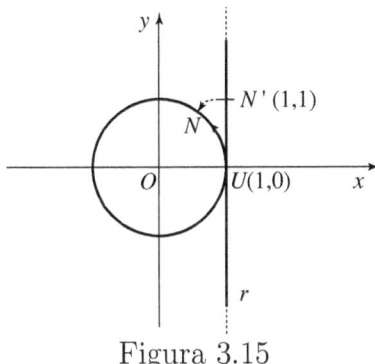

Figura 3.15

Adoperando lo stesso metodo usato per determinare il punto N, se "avvolgiamo" nel verso positivo attorno alla circonferenza goniometrica la semiretta di r che si trova nel primo quadrante, fino a quando il primo punto U' di essa non si sovrapponga al punto U e poi la "raddrizziamo", costatiamo che il punto U' ha per coordinate $(1, 2\pi)$ quindi il segmento UU' ha per misura 2π cioè la misura della circonferenza in accordo con la (3.10).

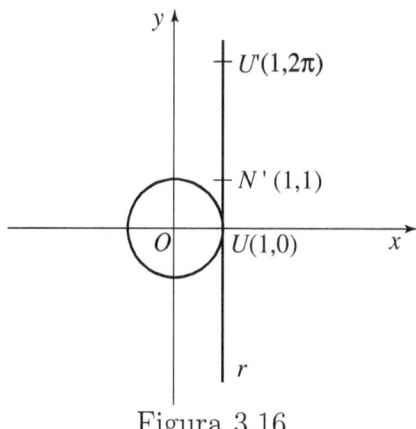

Figura 3.16

Poiché vi è *corrispondenza biunivoca* tra i punti P della circonferenza goniometrica ed i punti P' del segmento UU' privato del punto U', siccome le ordinate di questi ultimi appartengono tutte all'intervallo $[0, 2\pi)$, concludiamo che:

$$mis(s,t) = mis\,\widehat{UP} = mis\,UP' = a \in [0, 2\pi)$$

È facile convincersi che:

- 0 è la misura dell'*angolo nullo*.

- se un *angolo orientato* (s,t) (diverso dall'angolo nullo) ha per misura a, il suo *opposto* (t,s) ha per misura $2\pi - a$.

Ora che siamo riusciti a definire una misura per gli angoli orientati, essa sarà accettabile se verifica le condizioni che ci siamo posti all'inizio.
Vediamolo!

La prima condizione, che cioè angoli orientati uguali abbiano la stessa misura, è sicuramente soddisfatta perché il "procedimento" che ha prodotto la misura è stato applicato agli angoli orientati in posizione normale che sono appunto i rappresentanti di tutti gli angoli ad essi uguali.

La seconda condizione invece, sfortunatamente, non è soddisfatta da tutti gli angoli orientati.
Se consideriamo infatti due angoli orientati *opposti* (non nulli): (s,t) e

§ 3.7 Le infinite misure di un angolo orientato - Misura principale 147

(t, s) e costruiamo l'angolo somma $(s, t) + (t, s)$, quest'ultimo è l'angolo nullo.
Denotando allora con a la misura di (s, t), si ha:

$$mis(s, t) + mis(t, s) = a + (2\pi - a) = 2\pi$$

mentre

$$mis\left((s, t) + (t, s)\right) = mis(s, s) = 0$$

Che fare allora?
   Rinunciare al "procedimento" faticosamente costruito?
   Rinunciare alla seconda condizione tanto naturale?
Vediamo come hanno risolto la questione i Matematici.

3.7 Le infinite misure di un angolo orientato - Misura principale di esso

I Matematici hanno risolto la questione modificando il "procedimento" in questo modo:

> invece di "avvolgere" attorno alla circonferenza goniometrica la semiretta di r che si trova nel primo quadrante solo fino a quando il primo punto P' di essa "si sovrapponga" al punto P della circonferenza goniometrica, l'"avvolgono" tutta e poi la "raddrizzano".
> I punti di essa che si sono "sovrapposti" a P durante l'"avvolgimento" sono:
> $$P'(1, a) \, , \, P_1(1, a + 2\pi) \, , \, P_2(1, a + 4\pi) \, , \, \ldots$$
> "Avvolgono" poi attorno alla circonferenza goniometrica anche la semiretta di r che si trova nel quarto quadrante, però questa nel senso negativo (orario) e poi la "raddrizzano".
> I punti di essa che si sono "sovrapposti" a P durante l'"avvolgimento" sono:
> $$\underline{P}_1(1, a - 2\pi) \, , \, \underline{P}_2(1, a - 4\pi) \, , \, \underline{P}_3(1, a - 6\pi) \, , \, \ldots$$

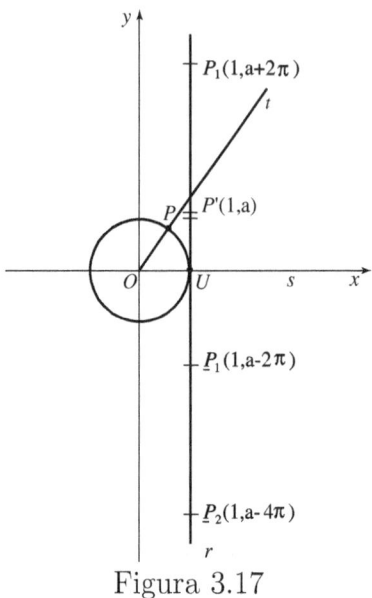

Figura 3.17

Concludendo:

nell'"avvolgimento" effettuato ad ogni punto P della circonferenza goniometrica, corrispondente ad un angolo orientato (s,t) in posizione normale, corrispondono gli infiniti punti di r:

$$\ldots,\ \underline{P}_2,\ \underline{P}_1,\ P',\ P_1,\ \ldots \qquad (3.11)$$

che nell'"avvolgimento" si sono "sovrapposti" ad esso.

Dopo questa premessa, diamo la nuova definizione di misura di un angolo orientato:

Nuova definizione di misura di un angolo orientato
dato un angolo orientato (s,t) in posizione normale e detto P il punto della circonferenza goniometrica ad esso corrispondente, si chiama *misura* di (s,t) ciascuna delle ordinate dei punti (3.11) e quindi ciascuno dei numeri:

$$\ldots,\ a-4\pi,\ a-2\pi,\ a,\ a+2\pi,\ a+4\pi,\ \ldots \qquad (3.12)$$

§ 3.8 Considerazioni conclusive sulla definizione di misura

Ad ogni angolo orientato (s,t) quindi vengono attribuite infinite misure e la generica di esse è data dalla formula:

$$a + 2k\pi \quad \text{al variare di} \quad k \text{ in } \mathbb{Z} \tag{3.13}$$

Delle infinite misure di (s,t), la misura a è quella che corrisponde alle esigenze della nostra intuizione e pertanto ad essa si dà il nome di *misura principale* di (s,t) e nel seguito scriveremo:

$$a = mis\ princ(s,t)$$

Prima di mostrare in che modo la nuova definizione di misura di un angolo orientato risolva la nostra questione, facciamo le considerazioni conclusive sulla definizione data e costruiamo una "formula" per calcolare la misura principale di una angolo orientato, nota che sia una qualunque altra misura di esso.

3.8 Considerazioni conclusive sulla definizione di misura

Riassumiamo quanto abbiamo detto circa la misura in radianti di una angolo orientato:

1) ogni angolo orientato (s,t) ammette infinite misure in radianti.

2) se α_1 e α_2 sono due misure di (s,t), la loro differenza, come ci mostra la (3.13), è un multiplo di 2π; si ha infatti:

$$\alpha_1 - \alpha_2 = (a + 2k_1\pi) - (a + 2k_2\pi) = 2(k_1 - k_2)\pi = 2k\pi\ , \quad \text{con } k_1, k_2, k \in \mathbb{Z}$$

3) quella tra le (infinite) misure di (s,t) che appartiene all'intervallo $[0, 2\pi)$, si chiama *misura principale* di (s,t):

$$mis\ princ(s,t) \in [0, 2\pi)$$

4) l'angolo nullo (s,s) ha la *misura principale* uguale a zero.

5) se (s,t) è un angolo orientato non nullo, detta a la sua *misura principale*, il suo opposto (t,s) ha per *misura principale* $2\pi - a$.

6) se α è una delle (infinite) misure di un angolo orientato (s,t), tutte le altre (infinite) misure di esso si possono ottenere dalla "formula":

$$\alpha + 2k\pi \quad \text{al variare di} \quad k \text{ in } \mathbb{Z} \quad ^2 \qquad (3.14)$$

Poiché come abbiamo detto alla fine del paragrafo precedente, la misura principale di un angolo orientato (s,t) è quella che meglio delle altre soddisfa le esigenze della nostra intuizione, vogliamo costruire una "formula" che ci permetta di calcolarla nota che sia una qualunque altra misura di esso.

3.9 Come si calcola la $mis\,princ(s,t)$ a partire da un'altra misura di esso

Dato un angolo orientato (s,t) sia α una della sue (infinite) misure diversa da quella principale, cioè $\alpha \notin [0, 2\pi)$.
Sapendo che al variare di $k \in \mathbb{Z}$ la (3.14) fornisce tutte le misure di (s,t), per calcolare la sua misura principale, che denotiamo con a, dobbiamo determinare k in modo che risulti:

$$0 \leq \alpha + 2k\pi < 2\pi$$

A tale scopo, ragioniamo così:

supponiamo di aver determinato tale valore di k e sia esso $\overline{k}$; si ha allora:

$$a = \alpha + 2\overline{k}\pi \qquad (3.15)$$

Dividendo per 2π ambo i membri della (3.15) otteniamo:

$$\frac{a}{2\pi} = \frac{\alpha}{2\pi} + \overline{k}$$

---
[2] Se è $\alpha = a = mis\,princ(s,t)$, la (3.14) diventa la (3.13).

§ 3.9 *Come si calcola la* mis prin(s,t) *a partire da un'altra misura*

da cui, trasportando $\overline{k}$ al primo membro, si ha:

$$\frac{a}{2\pi} - \overline{k} = \frac{\alpha}{2\pi}$$

Se di quest'ultima uguaglianza consideriamo le parti intere dei due membri: $\left[-\overline{k} + \frac{a}{2\pi}\right]$ e $\left[\frac{\alpha}{2\pi}\right]$, otteniamo quest'altra uguaglianza:

$$\left[-\overline{k} + \frac{a}{2\pi}\right] = \left[\frac{\alpha}{2\pi}\right] \qquad (3.16)$$

Poiché è $-\overline{k}$ intero e $0 \leq \frac{a}{2\pi} < 1$ segue che il primo membro di essa è $-\overline{k}$ per cui possiamo scrivere:

$$-\overline{k} = \left[\frac{\alpha}{2\pi}\right] \qquad (3.17)$$

Ricavando $\overline{k}$ dalla (3.17) e sostituendolo nella (3.15) otteniamo la "formula" che risolve il nostro problema:

$$a = mis\, princ(s,t) = \alpha - 2\left[\frac{\alpha}{2\pi}\right]\pi \qquad (3.18)$$

Per terminare con le nostre considerazioni sulle misure di una angolo orientato, invitiamo lo Studente a costatare attraverso degli esempi che:

> dati due angoli orientati (s,t) e (s',t'), la somma di una qualunque misura di (s,t) e di una qualunque misura di (s',t') è una misura dell'angolo $(s,t) + (s',t')$ e pertanto il "procedimento" così come è stato modificato ci ha permesso di risolvere il problema della misura degli angoli orientati.

Il fatto tuttavia di attribuire ad ogni angolo orientato infinite misure ci pone nella necessità di precisare come vada inteso il criterio che abbiamo elaborato nel paragrafo 3.5 per decidere quando un dato angolo orientato (s,t) è maggiore di un angolo orientato (s',t').

Quale delle infinite misure rispettivamente di (s,t) e di (s',t') dobbiamo prendere per sostituire nella (3.6)?

Bene, decidiamo di prendere in considerazione le misure principali e pertanto il criterio di confronto tra due angoli orientati diventa questo:

Dati due angoli orientati (s,t) **e** (s',t') **diremo che** (s,t) **è "più grande" di** (s',t') **se è:**

$$mis\,princ(s,t) > mis\,princ(s',t')$$

Esaminiamo ancora un problema relazionato con la misura di un angolo orientato.

3.10 Ancora un problema relazionato con la misura di un angolo orientato

Ora che abbiamo detto tutto sulla misura in radianti di un angolo orientato, viene naturale questa domanda:

Dato un qualunque numero reale α, esiste un angolo orientato (s,t) di cui α è una delle sue (infinite) misure?

Che la risposta è affermativa, ce lo dice il "procedimento empirico" con cui abbiamo ottenuto le (infinite) misure di una angolo orientato. Basta infatti:

1) disegnare la circonferenza goniometrica.

2) disegnare la retta r passante per U e parallela all'asse delle y.

3) disegnare su r il punto $P'(1,\alpha)$.

4) "avvolgere" il segmento UP' attorno alla circonferenza goniometrica: nel verso positivo (antiorario) se UP' sta nel primo quadrante; nel verso negativo (orario) se sta invece nel quarto:

§ 3.10 Ancora un problema relazionato con la misura di angolo   153

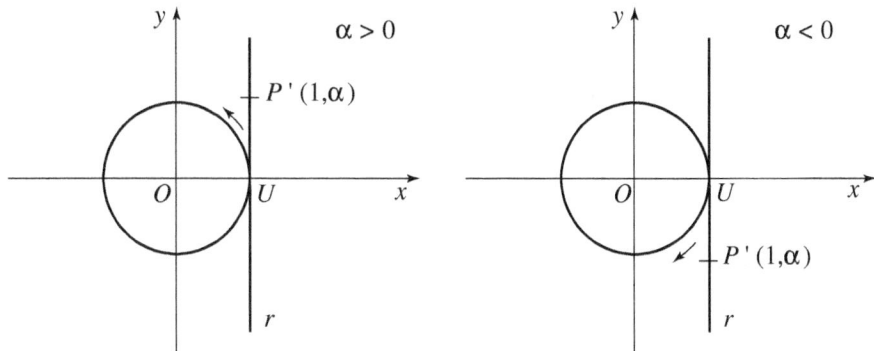

Figura 3.18

Il punto P della circonferenza a cui si sovrappone P' nell'"avvolgimento" determina la semiretta (estremo) t dell'angolo orientato (s,t) in posizione normale. Tale angolo è appunto quello di cui α è una delle (infinite) misure.

Visto allora che ogni numero reale è misura di un angolo orientato, ci chiediamo:

> Dato un numero reale $\alpha \neq 0$ e detto $-\alpha$ il suo opposto, c'è qualche relazione tra gli angoli (s,t) e (s',t') di cui tali numeri sono rispettivamente una delle loro (infinite) misure?

La "formula" (3.18) ci dà una mano per rispondere a tale domanda. Vediamo come!

Se α è multiplo di 2π allora $-\alpha$ lo è pure ed entrambi sono misure dell'angolo nullo.

Se invece α non è multiplo di 2π, neanche $-\alpha$ lo è e ci sarà più facile stabilire se esiste qualche relazione tra gli angoli orientati (s,t) e (s',t') passando rispettivamente da α e $-\alpha$ alle loro misure principali.

Per la (3.18) si ha infatti:

$$a = mis\,princ(s,t) = \alpha - 2\left[\frac{\alpha}{2\pi}\right]\pi$$
$$a' = mis\,princ(s',t') = -\alpha - 2\left[-\frac{\alpha}{2\pi}\right]\pi =$$

$$
\begin{aligned}
&= \quad \text{per la (1.5)} = \\
&= -\alpha - 2\left(-\left(\left[\frac{\alpha}{2\pi}\right]+1\right)\right)\pi = -\alpha + 2\left(\left[\frac{\alpha}{2\pi}\right]+1\right)\pi = \\
&= -\alpha + 2\left[\frac{\alpha}{2\pi}\right]\pi + 2\pi = -\left(\alpha - 2\left[\frac{\alpha}{2\pi}\right]\pi\right) + 2\pi = \\
&= -a + 2\pi = 2\pi - a
\end{aligned}
$$

Confrontando le misure principali di (s,t) e (s',t') concludiamo che α e $-\alpha$ sono misure di angoli opposti.

Andiamo finalmente a definire *il coseno* ed *il seno di un numero*!

3.11 Coseno e seno di un numero

Dato un numero $\alpha \in \mathbb{R}$, poiché esso è misura di un angolo orientato (s,t), possiamo porre le seguenti definizioni:

Si chiama *coseno di* α il coseno dell'angolo orientato (s,t) di cui α è una delle infinite misure:

$$\cos\alpha = \cos(s,t) \qquad (3.19)$$

Si chiama *seno di* α il seno dell'angolo orientato (s,t) di cui α è una delle infinite misure:

$$\sin\alpha = \sin(s,t) \quad [3] \qquad (3.20)$$

Da tali definizioni segue che:

a)
$$\forall\, \alpha \in \mathbb{R} \implies \cos^2\alpha + \sin^2\alpha = 1 \qquad (3.21)$$

da cui:
$$|\cos\alpha| \le 1 \quad \text{e} \quad |\sin\alpha| \le 1$$

b) se due numeri sono misure di uno stesso angolo orientato essi hanno lo stesso coseno e lo stesso seno. Ricordando poi che se α è una

---

[3] Facciamo notare come le definizioni date poggiano su quelle di coseno, seno e misura di un angolo orientato.

§ 3.11 *Coseno e seno di un numero*

misura dell'angolo orientato (s,t), tutte le altre misure si ottengono dalla "formula" $\alpha + 2k\pi$, con $k \in \mathbb{Z}$, possiamo scrivere:

$$\cos(\alpha + 2k\pi) = \cos\alpha \qquad (3.22)$$
$$\sin(\alpha + 2k\pi) = \sin\alpha \qquad (3.23)$$

c) poiché $-\alpha$ e α sono misure di angoli orientati opposti e questi ultimi hanno lo stesso coseno e seno opposto, segue che:

$$\cos(-\alpha) = \cos\alpha \qquad (3.24)$$
$$\sin(-\alpha) = -\sin\alpha \qquad (3.25)$$

Trascriviamo qui di seguito, per comodità dello Studente, il coseno ed il seno di alcuni numeri, a Lui noti dalle Scuole Superiori, di cui si fa un largo uso:

$\alpha = 0 \qquad \cos 0 = 1 \qquad \sin 0 = 0$

$\alpha = \dfrac{\pi}{6} \qquad \cos\left(\dfrac{\pi}{6}\right) = \dfrac{\sqrt{3}}{2} \qquad \sin\left(\dfrac{\pi}{6}\right) = \dfrac{1}{2}$

$\alpha = \dfrac{\pi}{4} \qquad \cos\left(\dfrac{\pi}{4}\right) = \dfrac{\sqrt{2}}{2} \qquad \sin\left(\dfrac{\pi}{4}\right) = \dfrac{\sqrt{2}}{2}$

$\alpha = \dfrac{\pi}{3} \qquad \cos\left(\dfrac{\pi}{3}\right) = \dfrac{1}{2} \qquad \sin\left(\dfrac{\pi}{3}\right) = \dfrac{\sqrt{3}}{2}$

$\alpha = \dfrac{\pi}{2} \qquad \cos\left(\dfrac{\pi}{2}\right) = 0 \qquad \sin\left(\dfrac{\pi}{2}\right) = 1$

$\alpha = \pi \qquad \cos\pi = -1 \qquad \sin\pi = 0$

$\alpha = \dfrac{3}{2}\pi \qquad \cos\left(\dfrac{3}{2}\pi\right) = 0 \qquad \sin\left(\dfrac{3}{2}\pi\right) = -1$

D'ora in poi non parleremo più di coseno e seno di un angolo orientato ma di un numero.
L'angolo orientato ha quasi terminato per noi la sua missione!

Proseguiamo nel nostro studio, mostrando allo Studente, come dalla (3.21) e dalle due formule che ora diremo, se ne possono dedurre, con grande facilità molte altre viste nelle Scuole Superiori.

3.12 Due formule da ricordare e loro conseguenze

Le formule sopra dette sono:

$$\forall\, \alpha, \beta \in \mathbb{R} \implies \begin{cases} \sin(\alpha + \beta) = \sin\alpha \cdot \cos\beta + \cos\alpha \cdot \sin\beta & \text{(a)} \\ \cos(\alpha + \beta) = \cos\alpha \cdot \cos\beta - \sin\alpha \cdot \sin\beta & \text{(b)} \end{cases} \quad (3.26)$$

e di esse non diamo la dimostrazione per ragioni di spazio. Diciamo solo che si chiamano **formule di addizione** ed invitiamo lo Studente a memorizzarle.

Vediamo quali altre formule si deducono da esse!

1) **le formule di sottrazione**

$$\forall\, \alpha, \beta \in \mathbb{R} \implies \begin{cases} \sin(\alpha - \beta) = \sin\alpha \cdot \cos\beta - \cos\alpha \cdot \sin\beta & \text{(a)} \\ \cos(\alpha - \beta) = \cos\alpha \cdot \cos\beta + \sin\alpha \cdot \sin\beta & \text{(b)} \end{cases}$$
$$(3.27)$$

Dimostrazione

$$\begin{aligned}
\sin(\alpha - \beta) &= \sin[\alpha + (-\beta)] = \text{per la (3.26.a)} = \\
&= \sin\alpha \cdot \cos(-\beta) + \cos\alpha \cdot \sin(-\beta) = \\
&= \text{per le (3.24) e (3.25)} = \\
&= \sin\alpha \cdot \cos\beta - \cos\alpha \cdot \sin\beta \\
\cos(\alpha - \beta) &= \cos[\alpha + (-\beta)] = \text{per la (3.26b)} = \\
&= \cos\alpha \cdot \cos(-\beta) - \sin\alpha \cdot \sin(-\beta) = \\
&= \text{per le (3.24) e (3.25)} = \\
&= \cos\alpha \cdot \cos\beta + \sin\alpha \cdot \sin\beta
\end{aligned}$$

c.v.d.

2) **le formule di duplicazione**

$$\forall\, \alpha \in \mathbb{R} \implies \begin{cases} \sin(2\alpha) = 2\sin\alpha \cdot \cos\alpha & \text{(a)} \\ \cos(2\alpha) = \cos^2\alpha - \sin^2\alpha & \text{(b)} \end{cases} \quad (3.28)$$

Dimostrazione

§ 3.12 Due formule da ricordare e loro conseguenze

$$\begin{aligned}\sin(2\alpha) &= \sin(\alpha+\alpha) = \text{per la (3.26.a)} = \\ &= \sin\alpha\cdot\cos\alpha + \cos\alpha\cdot\sin\alpha = \\ &= 2\sin\alpha\cdot\cos\alpha \\ \cos(2\alpha) &= \cos(\alpha+\alpha) = \text{per la (3.26.b)} = \\ &= \cos\alpha\cdot\cos\alpha - \sin\alpha\cdot\sin\alpha \\ &= \cos^2\alpha - \sin^2\alpha\end{aligned}$$

c.v.d.

In definitiva le formule di duplicazione non sono altro che le formule di addizione per $\alpha = \beta$.

3) **le formule di bisezione**

$$\forall\,\alpha\in\mathbb{R}\Longrightarrow\begin{cases}\sin\alpha = \pm\sqrt{\dfrac{1-\cos(2\alpha)}{2}} & \text{(a)} \\ \cos\alpha = \pm\sqrt{\dfrac{1+\cos(2\alpha)}{2}} & \text{(b)}\end{cases} \qquad (3.29)$$

Dimostrazione
Partiamo dalla (3.28.b)!

$$\begin{aligned}\cos(2\alpha) &= \cos^2\alpha - \sin^2\alpha = \text{per la (3.21)} = \\ &= (1-\sin^2\alpha) - \sin^2\alpha = \\ &= 1 - 2\sin^2\alpha\end{aligned}$$

Ricavando $\sin^2\alpha$ ed estraendo la radice quadrata segue la (3.29.a). Analogamente:

$$\begin{aligned}\cos(2\alpha) &= \cos^2\alpha - \sin^2\alpha = \text{per la (3.21)} = \\ &= \cos^2\alpha - (1-\cos^2\alpha) = \\ &= 2\cos^2\alpha - 1\end{aligned}$$

Ricavando $\cos^2\alpha$ ed estraendo la radice quadrata segue la (3.29.b).

c.v.d.

4) **le formule di prostaferesi**

$$\forall\, p, q \in \mathbb{R} \implies \begin{cases} \sin p + \sin q = 2 \cdot \sin \dfrac{p+q}{2} \cdot \cos \dfrac{p-q}{2} \\ \sin p - \sin q = 2 \cdot \cos \dfrac{p+q}{2} \cdot \sin \dfrac{p-q}{2} \\ \cos p + \cos q = 2 \cdot \cos \dfrac{p+q}{2} \cdot \cos \dfrac{p-q}{2} \\ \cos p - \cos q = -2 \cdot \sin \dfrac{p+q}{2} \cdot \sin \dfrac{p-q}{2} \end{cases} \tag{3.30}$$

Dimostrazione
Sommando membro a membro la (3.26.a) e la (3.27.a) si ottiene:

$$\sin(\alpha + \beta) + \sin(\alpha - \beta) = 2 \sin \alpha \cdot \cos \beta$$

Sottraendo invece membro a membro la (3.27.a) dalla (3.26.a) si ottiene:

$$\sin(\alpha + \beta) - \sin(\alpha - \beta) = 2 \cos \alpha \cdot \sin \beta$$

Procedendo in modo analogo con le (3.26.b) e (3.27.b) si ottengono rispettivamente:

$$\begin{aligned} \cos(\alpha + \beta) + \cos(\alpha - \beta) &= 2 \cos \alpha \cdot \cos \beta \\ \cos(\alpha + \beta) - \cos(\alpha - \beta) &= -2 \sin \alpha \cdot \sin \beta \end{aligned}$$

Ponendo: $\alpha + \beta = p$ e $\alpha - \beta = q$ nelle quattro formule che abbiamo ottenuto, si hanno le (3.30).

c.v.d.

Ci serviremo delle formule di prostaferesi tutte le volte che dovremo trasformare una somma o una differenza di seni o di coseni in un prodotto.

5) **alcune uguaglianze utili dedotte dalle formule di addizione e sottrazione**

§ 3.13 Funzioni seno e coseno

Tenendo presenti i valori di $\sin\frac{\pi}{2}$, $\cos\frac{\pi}{2}$, $\sin\pi$, $\cos\pi$ e le (3.26.a), (3.26.b), (3.27.a) e (3.27.b), invitiamo lo Studente a verificare che:

$$\begin{aligned}
\sin(\alpha+\pi) &= -\sin\alpha & \cos(\alpha+\pi) &= -\cos\alpha \\
\sin(\pi-\alpha) &= \sin\alpha & \cos(\pi-\alpha) &= -\cos\alpha \\
\sin\left(\alpha+\tfrac{\pi}{2}\right) &= \cos\alpha & \cos\left(\alpha+\tfrac{\pi}{2}\right) &= -\sin\alpha \\
\sin\left(\tfrac{\pi}{2}-\alpha\right) &= \cos\alpha & \cos\left(\tfrac{\pi}{2}-\alpha\right) &= \sin\alpha
\end{aligned}$$

Siamo finalmente in condizioni di definire le *funzioni seno* e *coseno*!

3.13 Funzioni seno e coseno

Diamo le definizioni!

Si chiama *funzione seno* quella funzione reale di una variabile reale il cui *dominio* è l'insieme $A = (-\infty, +\infty)$ e la cui *legge di associazione* f consiste nell'associare ad ogni punto $x \in A$ come immagine $f(x)$, il suo *seno*.
In simboli:

$$f: \; y = f(x) = \sin x \quad , \quad x \in A = (-\infty, +\infty) \qquad (3.31)$$

Si chiama *funzione coseno* quella funzione reale di una variabile reale il cui *dominio* è l'insieme $A = (-\infty, +\infty)$ e la cui *legge di associazione* f consiste nell'associare ad ogni punto $x \in A$ come immagine $f(x)$, il suo *coseno*.
In simboli:

$$f: \; y = f(x) = \cos x \quad , \quad x \in A = (-\infty, +\infty) \qquad (3.32)$$

Dalle conseguenze delle definizioni di seno e coseno di un numero discendono alcune proprietà delle funzioni seno e coseno che qui elenchiamo:

I) entrambe hanno per *codominio* $[-1, 1]$ quindi sono *limitate* ed addirittura hanno *minimo* e *massimo assoluto*: $m = -1$ e $M = 1$.

II) entrambe sono *periodiche* di *periodo* $T = 2\pi$.

III) il seno è una *funzione dispari* quindi il suo diagramma cartesiano è simmetrico rispetto all'origine del sistema di coordinate.

IV) il coseno è una *funzione pari* quindi il suo diagramma cartesiano è simmetrico rispetto all'asse delle ordinate.

V) il diagramma cartesiano della funzione seno è:

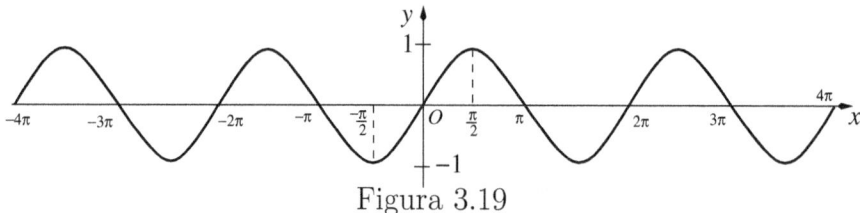

Figura 3.19

VI) il diagramma cartesiano della funzione coseno è:

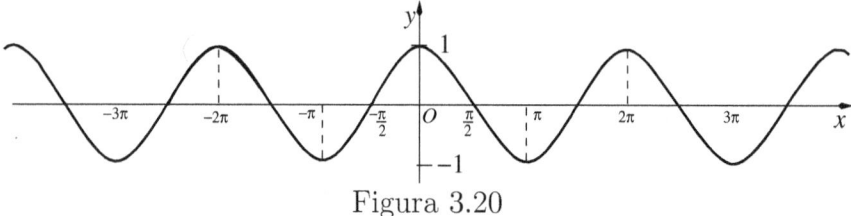

Figura 3.20

A questo punto lo Studente si chiederà come abbiamo fatto a disegnare i diagrammi cartesiani delle funzioni seno e coseno.

La risposta se la darà da solo dopo aver studiato il libro "Derivabilità, diagrammi e formula di Taylor". Per il momento gli basti sapere che i diagrammi cartesiani di tali funzioni sono quelli che abbiamo disegnato noi.

Andiamo ora a costruire, partendo dalle funzioni seno e coseno, altre due funzioni.

3.14 Funzione arcoseno ed arcocoseno

Né la funzione seno né la funzione coseno sono invertibili perché periodiche[4].

Osservando però il diagramma cartesiano della funzione seno ci rendiamo conto che la *restrizione* di quest'ultima avente per dominio l'intervallo $[-\frac{\pi}{2}, \frac{\pi}{2}]$ è invertibile perché monotòna crescente.

La sua funzione inversa si chiama *funzione arcoseno*.
In simboli:

$$f^{-1} : \quad x = f^{-1}(y) = \arcsin y \quad , \quad y \in [-1, 1] \qquad (3.33)$$

Ricordando quanto abbiamo detto nel paragrafo 2.10 a proposito della funzione inversa, è facile convincersi che il diagramma cartesiano della funzione arcoseno è:

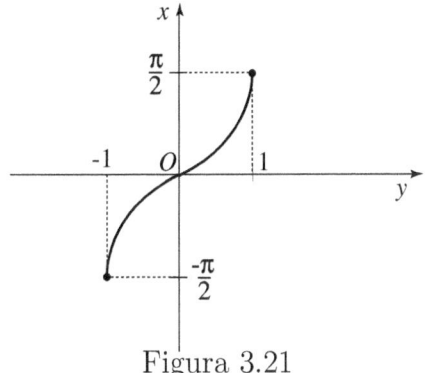

Figura 3.21

Come si vede, si tratta di una funzione dispari, cioè:

$$\forall \, y \in [-1, 1] \Longrightarrow \arcsin(-y) = -\arcsin y \qquad (3.34)$$

Osservando il diagramma della funzione coseno, ci rendiamo invece conto che la *restrizione* di quest'ultima avente per dominio l'intervallo $[0, \pi]$ è invertibile perché monotòna decrescente.

---
[4]La funzione coseno poi, oltre che perché è periodica, non è invertibile perché è pari.

La sua funzione inversa si chiama *funzione arcocoseno*. In simboli:

$$f^{-1}: x = f^{-1}(y) = \arccos y \quad , \quad y \in [-1, 1] \qquad (3.35)$$

Anche qui, ricordando quanto abbiamo detto nel paragrafo 2.10 a proposito della funzione inversa, è facile convincersi che il diagrammma cartesiano della funzione arcocoseno è:

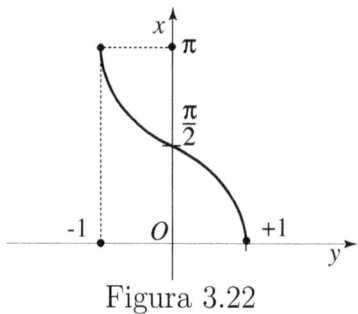

Figura 3.22

Andiamo ora a vedere l'utilità delle funzioni arcoseno ed arcocoseno!

3.15 Soluzioni dell'equazione $\sin x = m$

Per quanto abbiamo detto nel paragrafo 2.6, risolvere l'equazione

$$\sin x = m \quad , \quad \text{con} \quad m \in \mathbb{R} \qquad (3.36)$$

significa trovare l'immagine inversa di m secondo la funzione seno. Tenendo presente che il codominio della funzione seno è l'intervallo $[-1, 1]$, concludiamo che:

- se $m \notin [-1, 1]$ l'equazione (3.36) non ha soluzioni.

- se $m \in [-1, 1]$ l'equazione (3.36) ha invece infinite soluzioni essendo la funzione seno periodica di periodo $T = 2\pi$.

§ 3.15 Soluzioni dell'equazione sin x = m

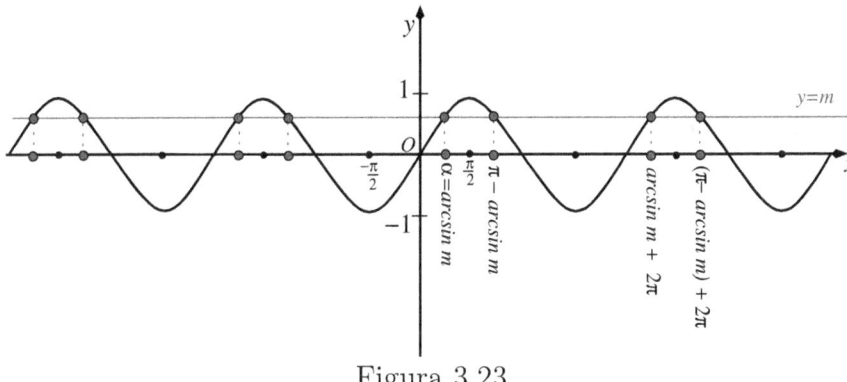

Figura 3.23

Per trovare l'insieme di quest'ultime, seguiamo il "procedimento" consigliato nel paragrafo 2.6 cioè disegnamo nello stesso piano cartesiano il diagramma della funzione seno e la retta d'equazione $y = m$:

Come si vede, nell'intervallo $[-\frac{\pi}{2}, \frac{\pi}{2}]$ vi è una sola soluzione α dell'equazione perché la *restrizione* della funzione seno di dominio $[-\frac{\pi}{2}, \frac{\pi}{2}]$ è *monotòna crescente* ed ha per codominio $[-1, 1]$. Tenendo poi presente la definizione della funzione arcoseno, possiamo scrivere:

$$\alpha = \arcsin m$$

Per la periodicità della funzione seno, sono pertanto soluzioni dell'equazione (3.36) tutti i numeri x dati dalla formula:

$$x = \arcsin m + 2h\pi \quad , \quad \text{con} \quad h \in \mathbb{Z} \tag{3.37}$$

Anche nell'intervallo $[\frac{\pi}{2}, \frac{3}{2}\pi]$ vi è una sola soluzione perché la *restrizione* della funzione seno di dominio $[\frac{\pi}{2}, \frac{3}{2}\pi]$ è *monotòna decrescente* ed ha per *codominio* $[-1, 1]$ e quest'ultima non appartiene all'insieme delle soluzioni rappresentate dalla (3.37).

Ricordando che nella conseguenza (5) del paragrafo 3.12 si è costatato che $\sin(\pi - \alpha) = \sin \alpha$, la soluzione dell'equazione (3.36) che appartiene all'intervallo $[\frac{\pi}{2}, \frac{3}{2}\pi]$ è allora: $\pi - \arcsin m$.

Sempre per la periodicità della funzione seno sono allora soluzioni dell'equazione (3.36) anche i numeri x dati dalla formula:

$$x = \pi - \arcsin m + 2h\pi \quad , \quad \text{con} \quad h \in \mathbb{Z} \tag{3.38}$$

Riassumendo:

> tutte le soluzioni dell'equazione (3.36) sono date al variare di h in $\mathbb{Z}$ dalle formule (3.37) e (3.38).

Vediamo ora se è possibile compendiare le due formule (3.37) e (3.38) in una sola.
Se scriviamo la (3.38) così:

$$x = -\arcsin m + (2h+1)\pi$$

ci accorgiamo che la formula:

$$x = (-1)^k \arcsin m + k\pi \quad \text{con } k \in \mathbb{Z} \qquad (3.39)$$

è quella cercata.

Se infatti k è *pari* allora $(-1)^k = 1$ ed otteniamo le soluzioni rappresentate dalla (3.37); se k è invece *dispari* allora $(-1)^k = -1$ ed otteniamo le soluzioni rappresentate dalla (3.38).

Nel seguito tutte le volte che dovremo rappresentare le soluzioni dell'equazione (3.36) ci serviremo di essa.

Utilizziamola intanto per trovare gli *zeri*, i *punti di minimo* ed i *punti di massimo assoluto* della funzione seno.

Ricordando che gli *zeri* della funzione seno sono le soluzioni dell'equazione $\sin x = 0$, applicando la (3.39) si ha:

$$x = (-1)^k \arcsin 0 + k\pi = (-1)^k \cdot 0 + k\pi = k\pi \quad , \quad \text{con} \quad k \in \mathbb{Z} \quad (3.40)$$

I *punti di minimo assoluto* sono invece le soluzioni dell'equazione $\sin x = -1$ ed, applicando la (3.39), si ha:

$$x = (-1)^k \arcsin(-1) + k\pi = \tag{3.41}$$
$$= \text{essendo la funzione arcoseno una funzione dispari} =$$
$$= (-1)^{k+1} \cdot \arcsin 1 + k\pi =$$
$$= (-1)^{k+1} \cdot \frac{\pi}{2} + k\pi \quad , \quad \text{con} \quad k \in \mathbb{Z} \tag{3.42}$$

I *punti di massimo assoluto* sono infine le soluzioni dell'equazione $\sin x = 1$ ed, applicando sempre la (3.39), si ha:

$$x = (-1)^k \arcsin 1 + k\pi = (-1)^k \cdot \frac{\pi}{2} + k\pi \quad , \quad \text{con} \quad k \in \mathbb{Z} \tag{3.43}$$

3.16 Soluzioni dell'equazione $\cos x = m$

Andiamo ora a risolvere l'equazione

$$\cos x = m \, , \quad \text{con } m \in \mathbb{R} \tag{3.44}$$

Anche qui, ragionando come nel caso precedente, si trova:

- se $m \notin [-1, 1]$ l'equazione (3.44) non ha soluzioni.

- se $m \in [-1, 1]$ l'equazione (3.44) ha invece infinite soluzioni essendo la funzione coseno periodica di periodo $T = 2\pi$.

Per trovare l'insieme di queste ultime, seguiamo ancora il "procedimento" consigliato nel paragrafo 2.6.

Come si vede, nell'intervallo $[0, \pi]$ vi è una sola soluzione α perché la *restrizione* della funzione coseno di dominio $[0, \pi]$ è *monotòna decrescente* ed ha per codominio $[-1, 1]$. Tenendo poi presente la definizione della funzione arcocoseno, possiamo scrivere:

$$\alpha = \arccos m$$

Per la periodicità della funzione coseno sono pertanto soluzioni dell'equazione (3.44) tutti i numeri x dati dalla formula:

$$x = \arccos m + 2k\pi \quad , \quad \text{con} \quad k \in \mathbb{Z} \tag{3.45}$$

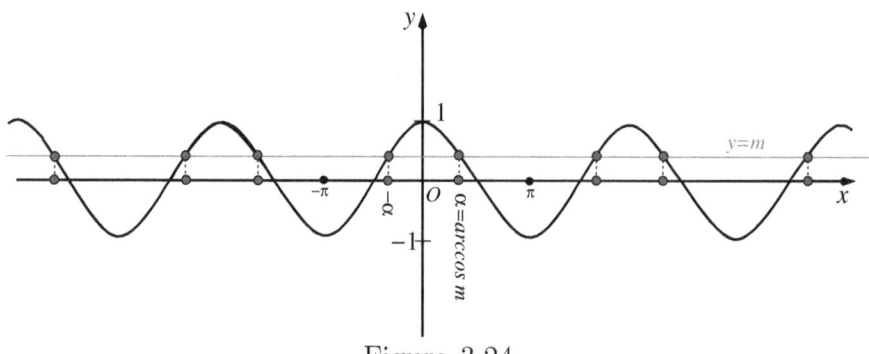
Figura 3.24

Essendo poi la funzione coseno una funzione pari, anche $-\arccos m$ è soluzione e per la periodicità della funzione coseno sono pertanto soluzioni dell'equazione (3.44) anche tutti i numeri x dati da quest'altra formula:

$$x = -\arccos m + 2k\pi \quad , \quad \text{con} \quad k \in \mathbb{Z} \qquad (3.46)$$

È facile convincersi come al variare di k in $\mathbb{Z}$ le formule (3.45) e (3.46) forniscano tutte le soluzioni dell'equazione (3.44).
Le (3.45) e (3.46) si possono compendiare in quest'unica formula:

$$x = \pm \arccos m + 2k\pi \quad , \quad \text{con} \quad k \in \mathbb{Z} \qquad (3.47)$$

Nel seguito tutte le volte che dovremo rappresentare le soluzioni dell'equazione (3.44) ci serviremo di essa.
Utilizziamola intanto per trovare gli *zeri*, i *punti di minimo* e di *massimo assoluto* della funzione coseno.

Ricordando che gli *zeri* della funzione coseno sono le soluzioni dell'equazione $\cos x = 0$, applicando la (3.47) si ha:

$$x = \pm \arccos 0 + 2k\pi = \pm \frac{\pi}{2} + 2k\pi \quad , \quad \text{con} \quad k \in \mathbb{Z} \qquad (3.48)$$

La (3.48) non è molto comoda perché in essa vi compare il segno $\pm$. Vediamo se, a partire da essa, possiamo costruire una formula più comoda in cui non compaia appunto il segno $\pm$.
A tale scopo ragioniamo così:

§ 3.16 Soluzioni dell'equazione $\cos x = m$

la (3.48) compendia le due formule:

$$x = \frac{\pi}{2} + 2k\pi \quad , \quad \text{con} \quad k \in \mathbb{Z} \qquad (3.49)$$

$$x = -\frac{\pi}{2} + 2k\pi \quad , \quad \text{con} \quad k \in \mathbb{Z} \qquad (3.50)$$

Se scriviamo la (3.50) così:

$$x = -\frac{\pi}{2} + \pi + (2k-1)\pi = \frac{\pi}{2} + (2k-1)\pi \quad , \quad \text{con} \quad k \in \mathbb{Z} \quad (3.51)$$

e la confrontiamo con la (3.49) osserviamo che:

- nella (3.49) ogni x è somma di $\frac{\pi}{2}$ e di un multiplo pari di π.
- nella (3.51) ogni x è somma di $\frac{\pi}{2}$ e di un multiplo dispari di π.

Tali osservazioni ci consentono di concludere che:

sono *zeri* della funzione coseno tutti i numeri x dati dalla formula:

$$x = \frac{\pi}{2} + k\pi \quad , \quad \text{con} \quad k \in \mathbb{Z} \qquad (3.52)$$

in quanto se è k pari otteniamo da essa gli zeri forniti dalla (3.49) mentre se è k dispari, quelli forniti dalla (3.50).

Della (3.52) ci serviremo tutte le volte che dovremo esprimere gli zeri della funzione coseno.

Andiamo ora a cercare i punti di minimo e di massimo assoluto!

I *punti di minimo assoluto* sono le soluzioni dell'equazione $\cos x = -1$ e, applicando la (3.47), si ha:

$$x = \pm \arccos(-1) + 2k\pi = \pm\pi + 2k\pi \quad , \quad \text{con} \quad k \in \mathbb{Z} \qquad (3.53)$$

I *punti di massimo assoluto* sono infine le soluzioni dell'equazione $\cos x = 1$ e, applicando sempre la (3.47), si ha:

$$x = \pm \arccos 1 + 2k\pi = \pm 0 + 2k\pi = 2k\pi \quad , \quad \text{con} \quad k \in \mathbb{Z} \qquad (3.54)$$

Richiamiamo ora in gioco l'angolo orientato per dare due definizioni ancora.

3.17 Definizione di tangente di un angolo orientato

Dato un qualunque angolo orientato (s,t) in posizione normale, sia $P(x,y)$ il punto della circonferenza goniometrica ad esso corrispondente.

Funzione tangente di un angolo orientato
Si chiama *tangente* di (s,t) e si denota con il simbolo $\tan(s,t)$, quel numero così definito:

$$\tan(s,t) = \frac{\sin(s,t)}{\cos(s,t)} \qquad (3.55)$$

Da tale definizione segue:

1) non ha senso parlare di $\tan(s,t)$ se è $\cos(s,t) = 0$.

2) ricordando le definizioni di $\sin(s,t)$ e $\cos(s,t)$ date nel paragrafo 3.5, possiamo scrivere:

$$\tan(s,t) = \frac{y}{x} \qquad (3.56)$$

e concludere che gli unici angoli orientati dei quali non ha senso parlare di tangente sono quelli ai quali corrispondono i punti $P_1(0,1)$ e $P_2(0,-1)$.

3) angoli orientati opposti (s,t) e (t,s) hanno tangenti opposte.
Da $(s,t) \longleftrightarrow P_1(x,y)$ e $(t,s) \longleftrightarrow P_2(x,-y)$ segue infatti che:

$$\tan(t,s) = \frac{-y}{x} = -\frac{y}{x} = -\tan(s,t) \qquad (3.57)$$

4) se (s,t) e (s',t') sono angoli orientati a cui corrispondono punti della circonferenza goniometrica simmetrici rispetto all'origine:

$$(s,t) \longleftrightarrow P(x,y) \quad \text{e} \quad (s',t') \longleftrightarrow P'(-x,-y)$$

allora le loro tangenti sono uguali:

$$\tan(s,t) = \tan(s',t') \qquad (3.58)$$

§ 1.18 Definizione di tangente di un numero   169

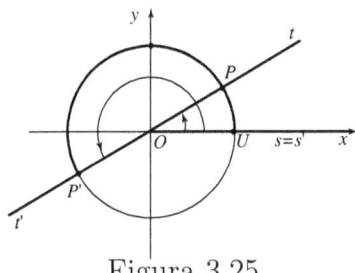

Figura 3.25

Come abbiamo definito il seno ed il coseno di un numero, così ne vogliamo definire la *tangente*.

Vediamo come!

3.18 Definizione di tangente di un numero

> **Dato un numero $\alpha \in \mathbb{R}$, si chiama *tangente* di α, e si denota con $\tan \alpha$, quel numero così definito:**
> $$\tan \alpha = \frac{\sin \alpha}{\cos \alpha} \tag{3.59}$$

Tale definizione ha senso *se e solo se* è $\cos \alpha \neq 0$ cioè, per la (3.52), *se e solo se* è $\alpha \neq \frac{\pi}{2} + k\pi$ con $k \in \mathbb{Z}$, contrariamente a quanto accade per la definizione di seno e coseno di un numero α le quali hanno senso qualunque sia il numero $\alpha \in \mathbb{R}$ considerato [5].

Le conseguenze della definizione data sono:

---

[5] Può sorprendere che non abbiamo definito $\tan \alpha$ come la tangente dell'angolo orientato (s,t) di cui α è una delle sue (infinite) misure, cioè che non abbiamo posto:

$$\tan \alpha = \tan(s,t) \tag{$\bullet$}$$

analogamente a come abbiamo definito il seno ed il coseno di un numero.

Tale scelta è dovuta al fatto che se assumiamo come definizione di $\tan \alpha$ la (3.59), possiamo provare la ($\bullet$) mentre non è vero il viceversa.

Fissato infatti un numero $\alpha \neq \frac{\pi}{2} + k\pi$ con $k \in \mathbb{Z}$ e detto (s,t) l'angolo orientato di

1) se $\alpha \neq \frac{\pi}{2} + k\pi$ con $k \in \mathbb{Z}$ è misura dell'angolo orientato (s,t) a cui corrisponde il punto $P(x,y)$ della circonferenza goniometrica, allora, essendo $\alpha + \pi$ misura dell'angolo orientato (s',t') a cui corrisponde il punto $P'(-x,-y)$, dalle (3.58) e ($\bullet$) segue che:

$$\tan(\alpha + \pi) = \tan\alpha \qquad (3.60)$$

2) essendo α e $-\alpha$ misure di angoli orientati opposti, se è $\alpha \neq \frac{\pi}{2} + k\pi$ allora $-\alpha$ lo è pure e risulta:

$$\tan(-\alpha) = -\tan\alpha \qquad (3.61)$$

Costruiamo ora una formula utile per il calcolo della *tangente di un numero*.

3.19 Una formula utile per il calcolo della tangente

Dati due numeri reali α e β, sappiamo che ha senso calcolare $\tan(\alpha + \beta)$ se è $\alpha + \beta \neq \frac{\pi}{2} + k\pi$.

---

cui esso è misura, si ha:

$$\tan\alpha = \frac{\sin\alpha}{\cos\alpha} = \text{per le (3.19) e (3.20)} = \frac{\sin(s,t)}{\cos(s,t)} = \text{per la (3.55)} = \tan(s,t)$$

e quindi la (3.59) implica la ($\bullet$).
Partendo invece dalla ($\bullet$) si ha:

$$\tan\alpha = \tan(s,t) = \frac{\sin(s,t)}{\cos(s,t)} = ?$$

perché non possiamo continuare scrivendo $= \frac{\sin\alpha}{\cos\alpha}$ in quanto i concetti di seno e coseno di un numero poggiano sui concetti di seno e coseno di un angolo orientato e non viceversa.
Se avessimo posto come definizione di $\tan\alpha$ la ($\bullet$) quindi, non avremmo avuto la possibilità di relazionare $\tan\alpha$ con $\sin\alpha$ e $\cos\alpha$, cosa che è invece possibile con la definizione (3.59) nella quale $\tan\alpha$ è addirittura definito per mezzo di $\sin\alpha$ e $\cos\alpha$.

§ 3.19 Una formula utile per il calcolo della tangente

Se anche α e β sono $\neq \frac{\pi}{2} + k\pi$, ha pure senso calcolare $\tan\alpha$ e $\tan\beta$. Se tali ipotesi sono soddisfatte, vogliamo provare a costruire una formula che permetta di calcolare $\tan(\alpha+\beta)$ noti che siano $\tan\alpha$ e $\tan\beta$.

Partendo da $\tan(\alpha+\beta)$ si ha:

$$\tan(\alpha+\beta) = \text{per la (3.59)} = \frac{\sin(\alpha+\beta)}{\cos(\alpha+\beta)} =$$

$$= \text{per le (3.26.a),(3.26.b)} = \frac{\sin\alpha \cdot \cos\beta + \cos\alpha \cdot \sin\beta}{\cos\alpha \cdot \cos\beta - \sin\alpha \cdot \sin\beta} =$$

$$= \text{dividendo numeratore e denominatore per } \cos\alpha \cdot \cos\beta =$$

$$= \frac{\dfrac{\sin\alpha \cdot \cos\beta + \cos\alpha \cdot \sin\beta}{\cos\alpha \cdot \cos\beta}}{\dfrac{\cos\alpha \cdot \cos\beta - \sin\alpha \cdot \sin\beta}{\cos\alpha \cdot \cos\beta}} =$$

$$= \frac{\dfrac{\sin\alpha \cdot \cos\beta}{\cos\alpha \cdot \cos\beta} + \dfrac{\cos\alpha \cdot \sin\beta}{\cos\alpha \cdot \cos\beta}}{\dfrac{\cos\alpha \cdot \cos\beta}{\cos\alpha \cdot \cos\beta} - \dfrac{\sin\alpha \cdot \sin\beta}{\cos\alpha \cdot \cos\beta}} =$$

$$= \frac{\tan\alpha + \tan\beta}{1 - \tan\alpha \cdot \tan\beta} \qquad (3.62)$$

Concludendo:

- si può calcolare $\tan(\alpha+\beta)$ se è $\alpha+\beta \neq \frac{\pi}{2} + k\pi$.
- si può impiegare la (3.62) per tale calcolo, se è anche $\alpha \neq \frac{\pi}{2} + k\pi$ e $\beta \neq \frac{\pi}{2} + k\pi$.

Dalla (3.62) segue:

I) $\tan(\alpha-\beta) = \tan[\alpha+(-\beta)] = \dfrac{\tan\alpha + \tan(-\beta)}{1 - \tan\alpha \cdot \tan(-\beta)} = $ per la (3.61) $=$

$\qquad = \dfrac{\tan\alpha - \tan\beta}{1 + \tan\alpha \cdot \tan\beta} \qquad$ (se $\alpha-\beta, \alpha, \beta \neq \frac{\pi}{2} + k\pi$)

II) $\tan(2\alpha) = \tan(\alpha+\alpha) = \dfrac{2\tan\alpha}{1 - \tan^2\alpha} \qquad$ (se $2\alpha \neq \frac{\pi}{2} + k\pi$)

Oltre al seno, coseno, tangente di un angolo orientato (s,t), si usa anche definire la *cotangente*.

Vediamo di che si tratta!

3.20 Definizione di cotangente di un angolo orientato

Dato un qualunque angolo orientato in posizione normale, sia $P(x,y)$ il punto della circonferenza goniometrica ad esso corrispondente.

Si chiama *cotangente* di (s,t) e si denota con $\cotan(s,t)$, quel numero così definito:

$$\cotan(s,t) = \frac{\cos(s,t)}{\sin(s,t)} \qquad (3.63)$$

Da tale definizione segue:

1) non ha senso parlare di $\cotan(s,t)$ se è $\sin(s,t) = 0$.

2) ricordando le definizioni di $\sin(s,t)$ e $\cos(s,t)$ date nel paragrafo 3.5, possiamo scrivere:

$$\cotan(s,t) = \frac{x}{y} \qquad (3.64)$$

e concludere che gli unici angoli orientati dei quali non ha senso parlare di cotangente sono quelli ai quali corrispondono i punti $P_1(1,0)$ e $P_2(-1,0)$.

3) angoli orientati opposti (s,t) e (t,s), hanno cotangenti opposte.

Da $(s,t) \longleftrightarrow P_1(x,y)$ e $(t,s) \longleftrightarrow P_2(x,-y)$ segue infatti che:

$$\cotan(t,s) = \frac{x}{-y} = -\frac{x}{y} = -\cotan(s,t) \qquad (3.65)$$

§ 3.21 Definizione di cotangente di un numero

4) se (s,t) e (s',t') sono due angoli orientati a cui corrispondono punti della circonferenza goniometrica simmetrici rispetto all'origine:

$$(s,t) \longleftrightarrow P(x,y) \quad \text{e} \quad (s',t') \longleftrightarrow P'(-x,-y)$$

allora le loro cotangenti sono uguali:

$$\cotan(s,t) = \cotan(s',t') \tag{3.66}$$

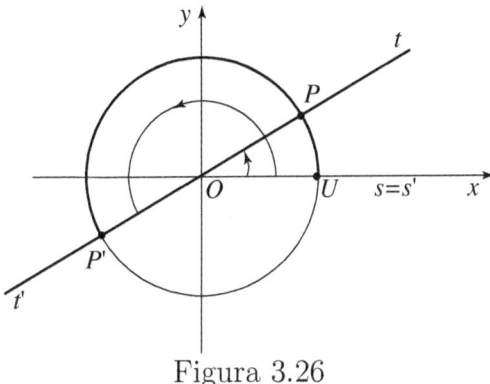

Figura 3.26

Come abbiamo definito il seno, coseno e tangente di un numero, definiamo anche la *cotangente di un numero*.

3.21 Definizione di cotangente di un numero

Dato un numero $\alpha \in \mathbb{R}$, si chiama *cotangente* di α e si denota con $\cotan \alpha$, quel numero così definito:

$$\cotan \alpha = \frac{\cos \alpha}{\sin \alpha} \tag{3.67}$$

Tale definizione ha senso *se e solo se è $\sin \alpha \neq 0$ cioè, per la (3.48), se e solo se è $\alpha \neq k\pi$, con $k \in \mathbb{Z}$.*

Facendo le stesse considerazioni che abbiamo fatto a proposito della definizione di tangente di un numero si dimostra che dalla (3.67) segue che la cotangente di un numero $\alpha \neq k\pi$ è la cotangente dell'angolo orientato (s,t) di cui α è una delle (infinite) misure:

$$\cotan \alpha = \cotan (s,t) \qquad (3.68)$$

Vediamo anche qui le conseguenze della definizione data!

I) se $\alpha \neq k\pi$ con $k \in \mathbb{Z}$ è misura di un angolo orientato (s,t) a cui corrisponde il punto $P(x,y)$ della circonferenza goniometrica, allora essendo $\alpha + \pi$ misura dell'angolo orientato (s',t') a cui corrisponde il punto $P'(-x,-y)$, dalle (3.66) e (3.68) segue che:

$$\cotan (\alpha + \pi) = \cotan \alpha \qquad (3.69)$$

II) essendo α e $-\alpha$ misure di angoli orientati opposti, se è $\alpha \neq k\pi$ allora $-\alpha$ lo è pure e risulta:

$$\cotan (-\alpha) = -\cotan \alpha \qquad (3.70)$$

Anche qui costruiamo una formula utile per il calcolo della cotangente di un numero.

3.22 Una formula utile per il calcolo della cotangente

Dati due numeri reali α e β sappiamo che ha senso calcolare $\cotan (\alpha + \beta)$ se è $\alpha + \beta \neq k\pi$.
Se anche α e β sono $\neq k\pi$, ha pure senso calcolare $\cotan \alpha$ e $\cotan \beta$.
Se tali ipotesi sono soddisfatte, vogliamo provare a costruire una formula che permetta di calcolare $\cotan (\alpha + \beta)$ noti che siano $\cotan \alpha$ e $\cotan \beta$.

§ 3.22 Una formula utile per il calcolo della cotangente

Partendo da $\cotan(\alpha + \beta)$ si ha:

$$\cotan(\alpha + \beta) = \text{per la (3.67)} = \frac{\cos(\alpha+\beta)}{\sin(\alpha+\beta)} =$$

$$= \text{per le (3.26.a) e (3.26.b)} = \frac{\cos\alpha \cdot \cos\beta - \sin\alpha \cdot \sin\beta}{\sin\alpha \cdot \cos\beta + \cos\alpha \cdot \sin\beta} =$$

$$= \text{dividendo numeratore e denominatore per } \sin\alpha \cdot \sin\beta =$$

$$= \frac{\dfrac{\cos\alpha \cdot \cos\beta - \sin\alpha \cdot \sin\beta}{\sin\alpha \cdot \sin\beta}}{\dfrac{\sin\alpha \cdot \cos\beta + \cos\alpha \cdot \sin\beta}{\sin\alpha \cdot \sin\beta}} =$$

$$= \frac{\dfrac{\cos\alpha \cdot \cos\beta}{\sin\alpha \cdot \sin\beta} - \dfrac{\sin\alpha \cdot \sin\beta}{\sin\alpha \cdot \sin\beta}}{\dfrac{\sin\alpha \cdot \cos\beta}{\sin\alpha \cdot \sin\beta} + \dfrac{\cos\alpha \cdot \sin\beta}{\sin\alpha \cdot \sin\beta}} =$$

$$= \frac{\cotan\alpha \cdot \cotan\beta - 1}{\cotan\beta + \cotan\alpha} \tag{3.71}$$

Concludendo:

- si può calcolare $\cotan(\alpha+\beta)$ se è $\alpha+\beta \neq k\pi$.

- si può impiegare la (3.71) per tale calcolo, se è anche $\alpha \neq k\pi$ e $\beta \neq k\pi$.

Dalla (3.71) segue:

I) $\quad \cotan(\alpha - \beta) = \cotan[\alpha + (-\beta)] = \dfrac{\cotan\alpha \cdot \cotan(-\beta) - 1}{\cotan(-\beta) + \cotan\alpha} =$

$\qquad = \dfrac{-\cotan\alpha \cdot \cotan\beta - 1}{-\cotan\beta + \cotan\alpha} =$

$\qquad = \dfrac{\cotan\alpha \cdot \cotan\beta + 1}{\cotan\beta - \cotan\alpha} \qquad (\text{se } \alpha-\beta, \alpha, \beta \neq k\pi)$

II) $\quad \cotan(2\alpha) = \cotan(\alpha+\alpha) = \dfrac{\cotan^2\alpha + 1}{2\cotan\alpha} \qquad (\text{se } 2\alpha \neq k\pi)$

Ci chiediamo ora: che relazioni esistono tra $\tan(s,t)$ e $\cotan(s,t)$? e tra $\tan\alpha$ e $\cotan\alpha$?
Andiamo a vedere!

3.23 Relazioni tra $\tan(s,t)$ e $\cotan(s,t)$ e tra $\tan\alpha$ e $\cotan\alpha$

Dalle definizioni di $\tan(s,t)$ e $\cotan(s,t)$ segue che:

$$\tan(s,t) = \frac{1}{\cotan(s,t)} \tag{3.72}$$

Tale relazione ha ovviamente senso *se e solo se* è $\sin(s,t) \neq 0$ e $\cos(s,t) \neq 0$.
Dalle definizioni di $\tan\alpha$ e $\cotan\alpha$ segue una relazione analoga, cioè:

$$\tan\alpha = \frac{1}{\cotan\alpha} \tag{3.73}$$

Quest'ultima ha senso *se e solo se* è $\cos\alpha \neq 0$ e $\sin\alpha \neq 0$ cioè $\alpha \neq \frac{\pi}{2}+k\pi$ e $\alpha \neq k\pi$ con $k \in \mathbb{Z}$.

Per terminare con le formule, ricaviamone ancora due; ci potranno essere utili per gli esercizi.

3.24 Due formule utili

Ricaviamo ora due formule che permettono di esprimere $\sin\alpha$ e $\cos\alpha$ per mezzo di $\tan\frac{\alpha}{2}$.
Osserviamo subito che tali formule potranno essere usate *se e solo se* è:

$$\frac{\alpha}{2} \neq \frac{\pi}{2}+k\pi \quad \text{cioè} \quad \alpha \neq (2k+1)\pi \quad , \quad \text{con} \quad k \in \mathbb{Z}$$

Cominciamo dalla prima!

§ 3.25 Funzioni tangente e cotangente

$$\sin\alpha = \text{per la (3.28.a)} = 2\sin\frac{\alpha}{2}\cdot\cos\frac{\alpha}{2} = \text{per la (3.21)} =$$

$$= \frac{2\sin\frac{\alpha}{2}\cdot\cos\frac{\alpha}{2}}{\cos^2\frac{\alpha}{2}+\sin^2\frac{\alpha}{2}} =$$

$$= \text{dividendo numeratore e denominatore per } \cos^2\frac{\alpha}{2} =$$

$$= \frac{2\tan\frac{\alpha}{2}}{1+\tan^2\frac{\alpha}{2}} \tag{3.74}$$

In modo del tutto analogo si ricava l'altra formula:

$$\cos\alpha = \text{per la (3.28.b)} = \cos^2\frac{\alpha}{2}-\sin^2\frac{\alpha}{2} = \text{per la (3.21)} =$$

$$= \frac{\cos^2\frac{\alpha}{2}-\sin^2\frac{\alpha}{2}}{\cos^2\frac{\alpha}{2}+\sin^2\frac{\alpha}{2}} =$$

$$= \text{dividendo numeratore e denominatore per } \cos^2\frac{\alpha}{2} =$$

$$= \frac{1-\tan^2\frac{\alpha}{2}}{1+\tan^2\frac{\alpha}{2}} \tag{3.75}$$

Definiamo finalmente le *funzioni tangente* e *cotangente*!

3.25 Funzioni tangente e cotangente

Diamo le definizioni!

> **Si chiama *funzione tangente* quella funzione reale di una variabile reale il cui *dominio* è l'insieme $A = \{x \in \mathbb{R} : x \neq \frac{\pi}{2} + k\pi \text{ con } k \in \mathbb{Z}\}$ e la cui *legge di associazione* f consiste nell'associare ad ogni punto**

$x \in A$ come immagine $f(x)$, la sua tangente:

$$f : y = f(x) = \tan x , \ x \in A = \{x \in \mathbb{R} : x \neq \frac{\pi}{2} + k\pi \text{ con } k \in \mathbb{Z}\} \tag{3.76}$$

Si chiama *funzione cotangente* quella funzione reale di una variabile reale il cui *dominio* è l'insieme $A = \{x \in \mathbb{R} : x \neq k\pi \text{ con } k \in \mathbb{Z}\}$ e la cui *legge di associazione* f consiste nell'associare ad ogni punto $x \in A$ come immagine $f(x)$, la sua cotangente:

$$f : y = f(x) = \cotan x , \ x \in A = \{x \in \mathbb{R} : x \neq k\pi \text{ con } k \in \mathbb{Z}\} \tag{3.77}$$

Dalle conseguenze delle definizioni di tangente e cotangente di un numero, discendono due proprietà delle funzioni tangente e cotangente:

I) entrambe sono *funzioni periodiche* di *periodo* $T = \pi$.

II) entrambe sono *funzioni dispari*.

Sia la funzione tangente che la cotangente sono due funzioni quoziente:

- la funzione tangente è il quoziente tra le restrizioni delle funzioni seno e coseno di dominio $A = \{x \in \mathbb{R} : x \neq \frac{\pi}{2} + k\pi \text{ con } k \in \mathbb{Z}\}$.

- la funzione cotangente è invece il quoziente tra le restrizioni delle funzioni coseno e seno di dominio $A = \{x \in \mathbb{R} : x \neq k\pi \text{ con } k \in \mathbb{Z}\}$.

Dal modo come tali funzioni sono state costruite segue che:

I) gli *zeri* della funzione tangente sono gli stessi della funzione seno, cioè sono dati dalla formula $x = k\pi$, con $k \in \mathbb{Z}$.

II) gli *zeri* della funzione cotangente sono gli stessi della funzione coseno, cioè sono dati dalla formula $x = \frac{\pi}{2} + k\pi$, con $k \in \mathbb{Z}$.

Anche di queste funzioni, come abbiamo fatto a suo tempo per le funzioni seno e coseno, disegnamo i diagrammi cartesiani invitando lo Studente a verificarne l'esattezza dopo aver studiato il libro "Derivabilità, diagrammi e formula di Taylor".

Il diagramma cartesiano della funzione tangente è:

§ 3.26 Funzioni arcotangente e arcocotangente

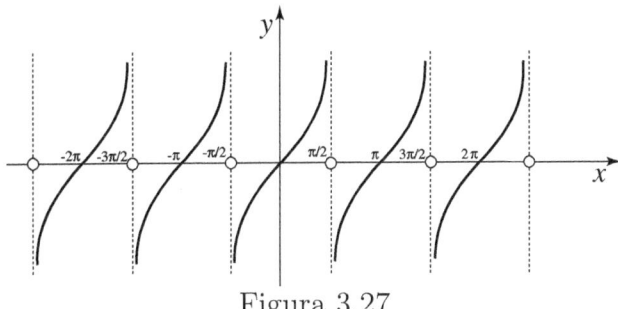

Figura 3.27

Il diagramma cartesiano della funzione cotangente è:

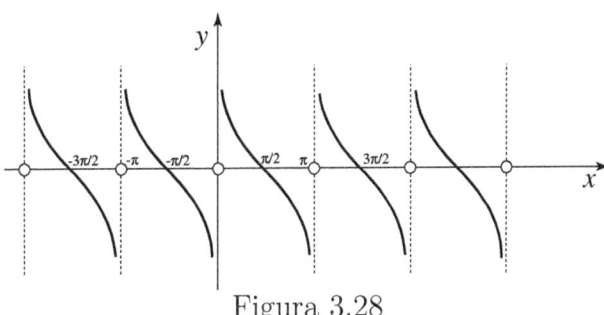

Figura 3.28

Andiamo ora a costruire, partendo dalle funzioni tangente e cotangente, altre due funzioni.

3.26 Funzioni arcotangente e arcocotangente

Né la funzione tangente né la funzione cotangente sono invertibili perché periodiche.

Osservando però il diagramma cartesiano della funzione tangente, ci rendiamo conto che la *restrizione* di quest'ultima avente per dominio l'intervallo $(-\frac{\pi}{2}, \frac{\pi}{2})$ è *invertibile* perché monotòna crescente.

La sua funzione inversa si chiama *funzione arcotan-*

gente. In simboli:

$$f^{-1}: x = f^{-1}(y) = \arctan y \quad , \quad y \in (-\infty, +\infty) \quad (3.78)$$

Ricordando quanto abbiamo detto nel paragrafo 2.10 a proposito della funzione inversa, è facile convincersi che il diagramma cartesiano della funzione arcotangente è:

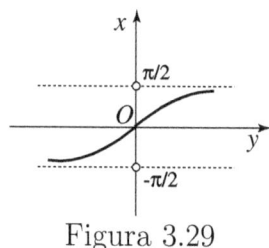

Figura 3.29

Come si vede, si tratta di una funzione dispari, cioè

$$\forall\, y \in (-\infty, +\infty) \Longrightarrow \arctan(-y) = -\arctan y \quad (3.79)$$

Osservando il diagramma cartesiano della funzione cotangente, ci rendiamo conto che la *restrizione* di quest'ultima avente per dominio l'intervallo $(0, \pi)$ è *invertibile* perché monotòna decrescente.

La sua funzione inversa si chiama *funzione arcocotangente*. In simboli:

$$f^{-1}: x = f^{-1}(y) = \text{arccotan}\, y \quad , \quad y \in (-\infty, +\infty) \quad (3.80)$$

Anche in questo caso, ricordando quanto abbiamo detto nel paragrafo 2.10 a proposito della funzione inversa, è facile convincersi che il diagramma cartesiano della funzione arcocotangente è:

§ 3.27 *Soluzioni delle equazioni* $\tan x = m$ *e* $\cotan x = m$ 181

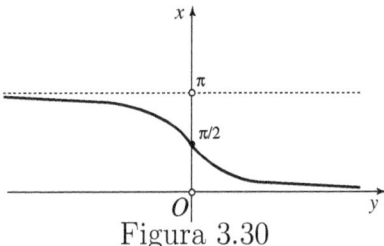

Figura 3.30

Andiamo ora a vedere l'utilità delle funzioni arcotangente e arcocotangente!

3.27 Soluzioni delle equazioni $\tan x = m$ e $\cotan x = m$

Vogliamo ora risolvere l'equazione:

$$\tan x = m \quad , \quad \text{con} \quad m \in \mathbb{R} \tag{3.81}$$

Tenendo sempre presente quanto abbiamo detto nel paragrafo 2.10, risolvere la (3.81) significa trovare l'immagine inversa di m secondo la funzione tangente.
Poiché il codominio della funzione tangente è $(-\infty, +\infty)$, come si può vedere dal suo diagramma cartesiano, qualunque sia il valore m che compare nella (3.81), quest'ultima è dotata di *almeno* una soluzione, anzi di *infinite* soluzioni perché la funzione tangente è periodica di periodo $T = \pi$.
Delle infinite soluzioni, una sola appartiene all'intervallo $(-\frac{\pi}{2}, \frac{\pi}{2})$ perché la restrizione della funzione tangente a tale intervallo è monotòna crescente ed ha per codominio $(-\infty, +\infty)$.

Per la definizione di arcotangente, la soluzione che si trova nell'intervallo $(-\frac{\pi}{2}, \frac{\pi}{2})$ è:

$$\alpha = \arctan m \quad ;$$

sono pertanto soluzioni tutti i numeri x dati dalla formula:

$$x = \arctan m + k\pi \quad , \quad \text{con} \quad k \in \mathbb{Z} \tag{3.82}$$

Osservando il diagramma cartesiano della funzione tangente è facile convincersi che l'equazione (3.81) non ha altre soluzioni oltre a quelle date dalla (3.82):

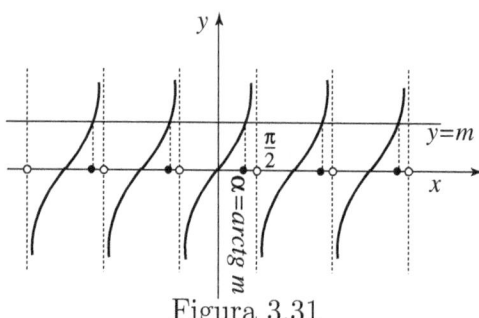

Figura 3.31

In modo del tutto analogo si trovano le soluzioni dell'equazione

$$\cotan x = m \quad , \quad \text{con} \quad m \in \mathbb{R} \tag{3.83}$$

Lo Studente troverà per esercizio, che sono soluzioni dell'equazione (3.83) tutti e soli i numeri x dati dalla formula:

$$x = \arccotan m + k\pi \quad , \quad \text{con} \quad k \in \mathbb{Z} \tag{3.84}$$

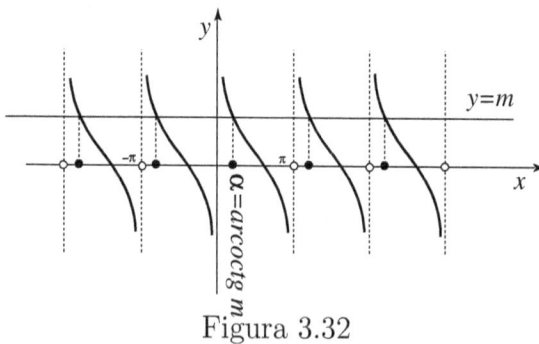

Figura 3.32

Parliamo ora delle ultime funzioni goniometriche che hanno un nome!

3.28 Altre funzioni goniometriche: secante e cosecante

Oltre alle funzioni: seno, coseno, arcoseno, arcocoseno, tangente, cotangente, arcotangente ed arcocotangente già esaminate, sono in uso anche le *funzioni secante* e *cosecante* che vogliamo qui definire.
Diamo le definizioni!

> *Definizione di funzione secante e cosecante*
> **Si chiama *funzione secante* quella funzione reale di una variabile reale il cui *dominio* è l'insieme $A = \{x \in \mathbb{R} : x \neq \frac{\pi}{2} + k\pi$, con $k \in \mathbb{Z}\}$ e la cui *legge di associazione* f consiste nell'associare ad ogni punto $x \in A$ come immagine $f(x)$, l'inverso di $\cos x$:**
>
> $$f: \; y = f(x) = \sec x = \frac{1}{\cos x} \quad ,$$
> $$x \in A = \{x \in \mathbb{R} : x \neq \frac{\pi}{2} + k\pi \text{ , con } k \in \mathbb{Z}\} \quad (3.85)$$
>
> **Si chiama *funzione cosecante* quella funzione reale di una variabile reale il cui *dominio* è l'insieme $A = \{x \in \mathbb{R} : x \neq k\pi$, con $k \in \mathbb{Z}\}$ e la cui *legge di associazione* f consiste nell'associare ad ogni punto $x \in A$ come immagine $f(x)$, l'inverso di $\sin x$:**
>
> $$f: \; y = f(x) = \operatorname{cosec} x = \frac{1}{\sin x}$$
> $$x \in A = \{x \in \mathbb{R} : x \neq k\pi \text{ , con } k \in \mathbb{Z}\} \quad (3.86)$$

Dalle conseguenze delle definizioni di seno e coseno di un numero discendono alcune proprietà delle funzioni secante e cosecante che qui elenchiamo:

I) entrambe hanno per *codominio* $(-\infty, -1] \cup [1, +\infty)$ quindi sono *illimitate* tanto inferiormente quanto superiormente.

II) entrambe sono *periodiche* di *periodo* $T = 2\pi$.

III) la *secante* è una funzione *pari*.

IV) la *cosecante* è una funzione *dispari*.

Il diagramma cartesiano della funzione secante è:

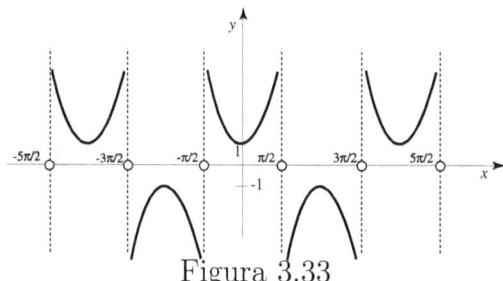

Figura 3.33

mentre quello della funzione cosecante è:

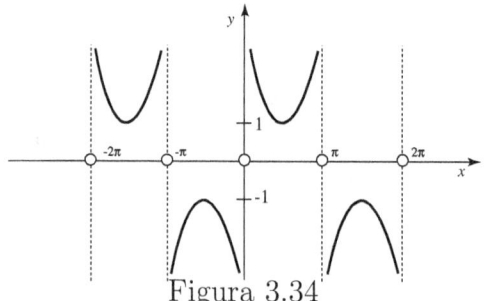

Figura 3.34

Né la funzione secante né la cosecante sono invertibili perché periodiche, tuttavia, come si può vedere dai loro diagrammi cartesiani, le loro *restrizioni* di dominio rispettivamente $[0, \frac{\pi}{2})$ e $(0, \frac{\pi}{2}]$ lo sono: la prima perché monotòna crescente, la seconda perché monotòna decrescente.

Le funzioni inverse di quest'ultime prendono il nome di *funzione arcosecante* e *funzione arcocosecante* e si denotano con i simboli: arcsec ed arccosec.

§ 3.28 Altre funzioni goniometriche: secante e cosecante

Tenendo presente quanto abbiamo più volte ripetuto circa la funzione inversa, possiamo scrivere:

$$f^{-1} : x = f^{-1}(y) = \operatorname{arcsec} y \quad , \quad y \in [1, +\infty)$$

e

$$f^{-1} : x = f^{-1}(y) = \operatorname{arccosec} y \quad , \quad y \in [1, +\infty)$$

I loro diagrammi sono rispettivamente:

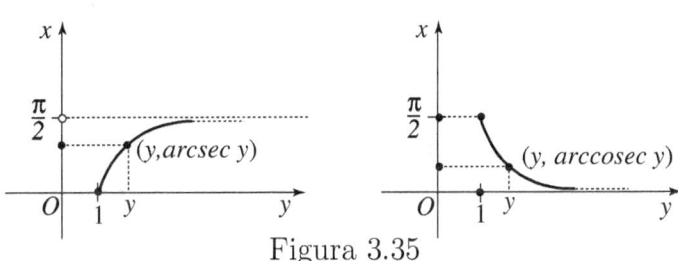

Figura 3.35

Non insistiamo ulteriormente sulle funzioni arcosecante ed arcocosecante perché non sono molto usate nella pratica.

Per comodità dello Studente, elenchiamo qui di seguito le funzioni goniometriche incontrate in questo capitolo, denotando sempre con f la legge di associazione e con x l'oggetto.

3.29 Elenco delle funzioni goniometriche

$$f : y = f(x) = \sin x\ ,\ x \in A = (-\infty, +\infty)$$
$$f : y = f(x) = \arcsin x\ ,\ x \in A = [-1, 1]$$
$$f : y = f(x) = \cos x\ ,\ x \in A = (-\infty, +\infty)$$
$$f : y = f(x) = \arccos x\ ,\ x \in A = [-1, 1]$$
$$f : y = f(x) = \tan x\ ,\ x \in A = \{x \in \mathbb{R} : x \neq \frac{\pi}{2} + k\pi\ ,\ k \in \mathbb{Z}\}$$
$$f : y = f(x) = \arctan x\ ,\ x \in A = (-\infty, +\infty)$$
$$f : y = f(x) = \cotan x\ ,\ x \in A = \{x \in \mathbb{R} : x \neq k\pi\ ,\ k \in \mathbb{Z}\}$$
$$f : y = f(x) = \arccotan x\ ,\ x \in A = (-\infty, +\infty)$$
$$f : y = f(x) = \sec x\ ,\ x \in A = \{x \in \mathbb{R} : x \neq \frac{\pi}{2} + k\pi\ ,\ k \in \mathbb{Z}\}$$
$$f : y = f(x) = \arcsec x\ ,\ x \in A = [1, +\infty)$$
$$f : y = f(x) = \cosec x\ ,\ x \in A = \{x \in \mathbb{R} : x \neq k\pi\ ,\ k \in \mathbb{Z}\}$$
$$f : y = f(x) = \arccosec x\ ,\ x \in A = [1, +\infty)$$

Tra tali funzioni esistono delle relazioni.
Le funzioni tangente, cotangente, secante e cosecante sono state definite a partire dalle funzioni seno e coseno e pertanto la legge di associazione di ciascuna di esse è già una relazione tra la "funzione costruita" e le "funzioni" usate per costruirla.

La relazione (3.21), che discende dalla relazione fondamentale della goniometria, le formule di addizione, sottrazione, duplicazione, bisezione, prostaferesi, ecc... ricavate nei paragrafi precedenti, sono altrettante relazioni tra le funzioni seno, coseno, ecc... e di esse ci si serve per trovare nuove rappresentazioni analitiche della legge d'associazione di una funzione assegnata.

Sperimentiamo la loro utilità nella risoluzione delle equazioni goniometriche!

3.30 Risoluzione delle equazioni goniometriche

Facciamo un elenco di equazioni goniometriche che si incontrano con maggiore frequenza nella pratica, dandone nello stesso tempo l'insieme delle soluzioni.

1)
$$\sin x = m \quad \text{con} \quad m \in \mathbb{R} \tag{3.87}$$

– se è $|m| > 1$ l'insieme delle soluzioni è vuoto.

– se è invece $|m| \leq 1$ sono soluzioni tutti e soli i numeri dati dalla "formula"

$$x = (-1)^k \arcsin m + k\pi \quad , \quad k \in \mathbb{Z} \tag{3.88}$$

2)
$$\sin(r \cdot x + t) = m \quad \text{con} \quad r, t, m \in \mathbb{R} \quad \text{e} \quad r \neq 0 \tag{3.89}$$

– se è $|m| > 1$ l'insieme delle soluzioni è vuoto.

– se è invece $|m| \leq 1$, da (3.88) segue che sono soluzioni tutti e soli i numeri reali x per cui risulta:

$$r \cdot x + t = (-1)^k \arcsin m + k\pi \quad , \quad k \in \mathbb{Z}$$

da cui:

$$x = \frac{1}{r}\left[-t + (-1)^k \arcsin m + k\pi\right] \quad , \quad k \in \mathbb{Z}$$

3)
$$\cos x = m \quad \text{con} \quad m \in \mathbb{R} \tag{3.90}$$

– se è $|m| > 1$ l'insieme delle soluzioni è vuoto.

– se è invece $|m| \leq 1$, sono soluzioni tutti e soli i numeri reali dati dalla "formula":
$$x = \pm \arccos m + 2k\pi \quad , \quad k \in \mathbb{Z}^6$$

4)
$$\cos(r \cdot x + t) = m \quad \text{con} \quad r, t, m \in \mathbb{R} \quad \text{e} \quad r \neq 0 \qquad (3.91)$$

– se è $|m| > 1$ l'insieme delle soluzioni è vuoto.
– se è invece $|m| \leq 1$, da (3.91) segue che sono soluzioni tutti e soli i numeri reali x per cui risulta:
$$r \cdot x + t = \pm \arccos m + 2k\pi \quad , \quad k \in \mathbb{Z}$$
da cui
$$x = \frac{1}{r}[-t \pm \arccos m + 2k\pi] \quad , \quad k \in \mathbb{Z}$$

5)
$$\tan x = m \quad \text{con} \quad m \in \mathbb{R} \qquad (3.92)$$
sono soluzioni tutti e soli i numeri reali x dati dalla "formula":
$$x = \arctan m + k\pi \quad , \quad k \in \mathbb{Z} \qquad (3.93)$$

6)
$$\tan(r \cdot x + t) = m \quad , \quad \text{con} \quad r, t, m \in \mathbb{R} \quad \text{e} \quad r \neq 0 \qquad (3.94)$$
Da (3.94) segue che sono soluzioni tutti e soli i numeri reali x per cui risulta:
$$r \cdot x + t = \arctan m + k\pi \quad , \quad k \in \mathbb{Z}$$
da cui
$$x = \frac{1}{r}[-t + \arctan m + k\pi] \quad , \quad k \in \mathbb{Z}$$

---

[6]L'equazione (3.90) può essere risolta anche in quest'altro modo. Poiché $\cos x = \sin(x + \frac{\pi}{2})$ può essere scritta così:
$$\sin\left(x + \frac{\pi}{2}\right) = m$$
Così facendo diventa un'equazione del tipo (3.89) ove è $r = 1$ e $t = \frac{\pi}{2}$.

§ 3.30 Risoluzione delle equazioni goniometriche

7)
$$\sin(r \cdot x) = \sin(s \cdot x) \quad , \quad \text{con} \quad r, s \in \mathbb{R} \quad \text{e} \quad r \neq s \qquad (3.95)$$

Poiché tale equazione è equivalente a quest'altra
$$\sin(r \cdot x) - \sin(s \cdot x) = 0$$
e quest'ultima, per le formule di prostaferesi, può essere scritta così:
$$2\cos\left(\frac{r+s}{2}x\right) \cdot \sin\left(\frac{r-s}{2}x\right) = 0$$
sono soluzioni tutti e soli i numeri reali dati dalle "formule":
$$x = \frac{2}{r+s}\left(\frac{\pi}{2} + k\pi\right) \quad , \quad k \in \mathbb{Z}$$
e
$$x = \frac{2}{r-s} \cdot k\pi \quad , \quad k \in \mathbb{Z}$$

8)
$$\cos(r \cdot x) = \cos(s \cdot x) \quad , \quad \text{con} \quad r, s \in \mathbb{R} \quad \text{e} \quad r \neq s \qquad (3.96)$$

Ragionando come nel caso anteriore, si trova che sono soluzioni tutti e soli i numeri reali dati dalle "formule":
$$x = \frac{2}{r+s} \cdot k\pi \quad , \quad k \in \mathbb{Z}$$
e
$$x = \frac{2}{r-s} \cdot k\pi \quad , \quad k \in \mathbb{Z}$$

9)
$$\sin(r \cdot x) = \cos(s \cdot x) \quad , \quad r, s \in \mathbb{R} \qquad (3.97)$$

Poiché $\cos(s \cdot x) = \sin\left(s \cdot x + \frac{\pi}{2}\right)$, si ha che l'equazione data è equivalente a quest'altra:
$$\sin(r \cdot x) - \sin\left(s \cdot x + \frac{\pi}{2}\right) = 0$$
che è del tipo (3.95).

10)
$$a \cdot \sin x + b \cdot \cos x = c \quad , \quad \text{con} \quad a, b, c \in \mathbb{R} \qquad (3.98)$$

e a, b non entrambi nulli.
Se poniamo $H = \sqrt{a^2 + b^2}$ e dividiamo ambo i membri dell'equazione per H, otteniamo l'equazione equivalente:

$$\frac{a}{H} \sin x + \frac{b}{H} \cos x = \frac{c}{H} \qquad (3.99)$$

Poiché $\frac{a}{H}$ e $\frac{b}{H}$ godono della proprietà che la somma dei loro quadrati è uno, possono essere riguardati come il coseno ed il seno di un numero reale t.

Il primo membro del'equazione (3.99) può essere così scritto:

$$\cos t \cdot \sin x + \sin t \cdot \cos x = \frac{c}{H}$$

e quindi, per la formula di addizione (3.26.a), quest'ultima equazione diviene:
$$\sin(x+t) = \frac{c}{H}$$
e pertanto siamo in presenza di un'equazione del tipo (3.89).

Ogni altra equazione, non contenuta in questo elenco, utilizzando le formule viste nei paragrafi 3.12 e 3.24, può essere ricondotta ad una di esse.

Molte altre cose si potrebbero dire sulle equazioni goniometriche tuttavia, per brevità, le tralasciamo.

Ci auguriamo che lo Studente, facendo esercizi, le scopra da solo.

Passiamo finalmente a parlare delle funzioni logaritmiche, esponenziali ed iperboliche, però prima invitiamo lo Studente a risolvere gli esercizi qui proposti.

Esercizi sugli argomenti trattati nel Capitolo 3

Esercizi sulla misura di angoli orientati

Esercizio 3.1 Se $\alpha = -8$ è una misura dell'angolo orientato (s,t), la sua misura principale è:
a) $4(\pi - 2)$; b) $2\pi - 8$; c) 8 ; d) -8 ; e) $3\pi - 8$?

Esercizio 3.2 Se $\alpha = \frac{175}{8}\pi$ è una misura dell'angolo orientato (s,t), un'altra misura di esso è:
a) 0 ; b) π ; c) $\frac{\pi}{8}$; d) $-\frac{753}{8}\pi$; e) $-\frac{175}{8}\pi$?

Esercizio 3.3 Se $\alpha = \frac{\pi}{6}$ e $\alpha' = \frac{113}{6}\pi$ sono misure rispettivamente degli angoli orientati (s,t) e (s',t'), la misura principale dell'angolo somma è:
a) 0 ; b) π ; c) $-\pi$; d) 4 ; e) $\frac{7}{6}\pi$?

Esercizio 3.4 Per ottenere l'angolo nullo dobbiamo sommare all'angolo orientato (s,t) di cui $\alpha = \frac{7}{4}\pi$ è una delle sue infinite misure, un angolo orientato (s',t') di misura:
a) $-\frac{\pi}{4}$; b) $\frac{\pi}{8}$; c) $\frac{9}{4}\pi$; d) 0 ; e) $-\pi$?

Esercizio 3.5 Se $\sin(s,t) = -\frac{3}{5}$ ed inoltre la semiretta t sta nel terzo quadrante, il $\cos(s,t)$ è:
a) $-\frac{4}{5}$; b) $-\frac{2}{5}$; c) $\frac{4}{5}$; d) $\frac{2}{5}$; e) $0,8$?

Esercizi sulle funzioni seno e coseno

Esercizio 3.6 *La restrizione della funzione seno di dominio $\left(\frac{293}{2}\pi, \frac{295}{2}\pi\right)$ è:*

1) *monotòna crescente*

2) *monotòna decrescente*

3) *nessuna delle due cose?*

Esercizio 3.7 *Data la funzione:*

$$f : y = f(x) = (\sin x + \cos x)^2 - \sin(2x) \quad , \quad x \in (-\infty, +\infty)$$

dire quale delle "formule" seguenti è un'altra rappresentazione della sua legge d'associazione f:

1) $y = \cos(2x)$

2) $y = -\cos(2x)$

3) $y = 1$

4) $y = 2\sin^2 x$

5) $y = 1 - \sin x$?

Esercizio 3.8 *La funzione la cui legge d'associazione f è rappresentata dalla "formula" $y = \cos x + \sin^2(\sin x)$ è :*

1) *pari*

2) *dispari*

3) *né pari né dispari?*

Esercizio 3.9 *La funzione la cui legge di associazione f è rappresentata dalla "formula" $y = \sin(\alpha \cdot x)$ con $\alpha > 0$ ha per periodo:*
a) α ; b) $2\pi\alpha$; c) $\frac{2\pi}{\alpha}$; d) 2π e) $\frac{\alpha}{2\pi}$?

Esercizio 3.10 *Dire quale delle seguenti implicazioni è vera:*

1) $\forall\, x \in [-1, 1] \implies \cos(\arccos x) = x$.

2) $\forall\, x \in [-1, 1] \implies \arccos(\cos x) = x$.

3) $\forall\, x \in [-1, 1] \implies \sin(\arcsin x) = x$.

4) $\forall\, x \in [-1, 1] \implies \arcsin(\sin x) = x$.

Esercizio 3.11 *Se $x \in \left[\frac{3}{2}\pi, \frac{5}{2}\pi\right]$ allora $\arcsin(\sin x)$ vale:*
a) x ; b) $x - 2\pi$; c) $x + 2\pi$; d) $x - \pi$; e) $x + \pi$?

Esercizio 3.12 *Se $x \in [-1, 1]$ allora $\arcsin x + \arccos x$ vale:*
a) π ; b) $\frac{\pi}{2}$; c) $\frac{\sqrt{2}}{2}\arcsin\left(x + \frac{\pi}{4}\right)$; d) $\arcsin(2x)$; e) 1 ?

Esercizio 3.13 *Se $x \in [-1, 1]$ allora $\sin(\arccos x)$ vale:*
a) x ; b) $\frac{\pi}{2} - x$; c) $\sqrt{1 - x^2}$; d) $1 - x$; e) $1 - x^2$?

Esercizio 3.14 *Dalla funzione la cui legge di associazione f è rappresentata dalla "formula":*

$$y = \sin(\arcsin x)$$

1) *trovare il dominio.*

2) *dire se è pari o dispari.*

3) *dire se è periodica.*

4) *dire se è certo che il suo diagramma cartesiano è un segmento di bisettrice del primo e terzo quadrante.*

Esercizio 3.15 *Della funzione la cui legge di associazione f è rappresentata dalla "formula":*

$$y = \arcsin(\sin x)$$

1) *trovare il dominio.*

2) dire se è pari o dispari.

3) dire se è periodica.

4) dire se è certo che $\arcsin(\sin 115\pi) = 0$ *e* $\arcsin\left(\sin\frac{5}{6}\pi\right) = \frac{\pi}{6}$.

5) dire se è certo che per ogni x del dominio risulta $f(x) = x$.

Esercizio 3.16 *Di ciascuna delle funzioni le cui leggi di associazione sono rappresentate dalle seguenti "formule"*

1) $y = \arcsin \dfrac{x-1}{x+1}$

2) $y = \arccos \sqrt{1-x}$

3) $y = \arctan \dfrac{x+1}{x-1}$

dire se si tratta di funzioni composte ed in caso affermativo, quali sono le funzioni componenti.
Dire inoltre se si tratta di funzioni limitate.

Risposte agli esercizi del Capitolo 3

Esercizi sulla misura di angoli orientati

Risposta 3.1

a

Risposta 3.2

d

Risposta 3.3

b

Risposta 3.4

c

Risposta 3.5

a

Esercizi sulle funzioni seno e coseno

Risposta 3.6

2)

Risposta 3.7

3)

Risposta 3.8

1)

Risposta 3.9

c)

Risposta 3.10

1), 3)

Risposta 3.11

b)

Risposta 3.12

b)

Risposta 3.13

c)

Risposta 3.14

1) $[-1, 1]$

2) Dispari

3) No

4) Si

Risposta 3.15

1) $(-\infty, +\infty)$

2) Dispari

3) È periodica

4) Si

5) No

Risposta 3.16

1) $A = [0, +\infty)$; è una funzione composta $f_2 \circ f_1$ con

$$f_1 : u = f_1(x) = \frac{x-1}{x+1} \quad , \quad x \in A = [0, +\infty)$$
$$f_2 : y = f_2(u) = \arcsin u \quad , \quad x \in f_1(A) \quad ;$$

è una funzione limitata.

2) $A = [0, 1]$; è una funzione composta $f_2 \circ f_1$ con

$$f_1 : u = f_1(x) = \sqrt{1-x} \quad , \quad x \in A = [0, 1]$$
$$f_2 : y = f_2(u) = \arccos u \quad , \quad u \in f_1(A) \quad ;$$

è una funzione limitata.

3) $A = (-\infty, 1) \cup (1, +\infty)$; è una funzione composta $f_2 \circ f_1$ con

$$f_1 : u = f_1(x) = \frac{x+1}{x-1} \quad , \quad x \in A = (-\infty, 1) \cup (1, +\infty)$$
$$f_2 : y = f_2(u) = \arctan u \quad , \quad u \in f_1(A) \quad ;$$

è una funzione limitata.

Capitolo 4

Le funzioni esponenziali, logaritmiche ed iperboliche

In questo capitolo introdurremo le *funzioni esponenziali, logaritmiche* ed *iperboliche* e ne metteremo in evidenza alcune proprietà.

Prima di fare ciò, ricordiamo le proprietà delle potenze dei numeri reali e la definizione di logaritmo di un numero reale già note allo Studente dalle Scuole Superiori.

4.1 Proprietà delle potenze dei numeri reali

Ricordiamo che:

1) la potenza
$$a^x \qquad (4.1)$$

è definita per ogni esponente reale x *se e solo se* la base a è un numero (reale) > 0[1] ed inoltre essa ha un *unico valore positivo*.

---

[1] Se è $a \leq 0$, la (4.1) non ha senso per alcuni valori di x, sebbene per altri lo abbia. Ad esempio: 0^3, $0^{\frac{1}{2}}$, $(-2)^2$, $(-8)^{\frac{1}{3}}$ hanno senso e valgono rispettivamente: 0, 0, 4, e -2; 0^{-1} e $(-8)^{\frac{1}{2}}$ non hanno invece senso.

2) se è $a = 1$ la (4.1) vale uno, qualunque sia $x \in (-\infty, +\infty)$.

3) se è $0 < a < 1$, si ha:
$$a^x = \begin{cases} > 1 & \text{se è } x \in (-\infty, 0) \\ = 1 & \text{se è } x = 0 \\ < 1 & \text{se è } x \in (0, +\infty) \end{cases} \qquad (4.2)$$

4) se è $a > 1$, si ha:
$$a^x = \begin{cases} < 1 & \text{se è } x \in (-\infty, 0) \\ = 1 & \text{se è } x = 0 \\ > 1 & \text{se è } x \in (0, +\infty) \end{cases} \qquad (4.3)$$

5) se è $0 < a < 1$, la potenza (4.1) *decresce* al *crescere* dell'esponente x in $(-\infty, +\infty)$; in simboli:
$$\forall\, x_1, x_2 \in (-\infty, +\infty) \quad \text{se} \quad x_1 < x_2 \Longrightarrow a^{x_1} > a^{x_2}$$

6) se è $a > 1$, la potenza (4.1) *cresce* al *crescere* dell'esponente x in $(-\infty, +\infty)$; in simboli:
$$\forall\, x_1, x_2 \in (-\infty, +\infty) \quad \text{se} \quad x_1 < x_2 \Longrightarrow a^{x_1} < a^{x_2}$$

7) le regole fondamentali per il calcolo delle potenze sono:
$$a^0 = 1 \qquad (4.4)$$
$$a^b \cdot a^c = a^{b+c} \qquad (4.5)$$
$$(a \cdot b)^c = a^c \cdot b^c \qquad (4.6)$$
$$\left(\frac{a}{b}\right)^c = \frac{a^c}{b^c} \qquad (4.7)$$
$$\frac{a^b}{a^c} = a^{b-c} \qquad (4.8)$$
(in particolare per $b = 0$ si ha $\dfrac{1}{a^c} = a^{-c}$)
$$\left(a^b\right)^c = a^{b \cdot c} \qquad (4.9)$$

§ 4.2 Definizione di logaritmo di un numero reale 201

Circa l'uso di tali regole osserviamo che le (4.6) e (4.7) sussistono per ogni c reale *se e solo se a e b sono entrambi positivi*.

Se uno dei due è infatti negativo o nullo, non ha senso (per tutti i c) né il primo né il secondo membro, se entrambi sono negativi ha senso il primo ma non il secondo membro.
In quest'ultimo caso le (4.6) e (4.7) vanno sostituite da quest'altre:

$$(a \cdot b)^c = |a|^c \cdot |b|^c \qquad (4.10)$$

$$\left(\frac{a}{b}\right)^c = \frac{|a|^c}{|b|^c} \qquad (4.11)$$

4.2 Definizione di logaritmo di un numero reale

Definizione di logaritmo
Fissato un numero reale a, si chiama *logaritmo in base a* di un numero reale x e si denota con il simbolo $\log_a x$, ogni numero reale y tale che:

$$a^y = x \qquad (4.12)$$

La (4.12) è un'*equazione* nella quale y è l'*incognita* e x è il *termine noto*. Vogliamo vedere per quali valori di a e di x essa ha una sola soluzione in $\mathbb{R}$.

Per quanto riguarda *la base a*:

- deve essere, per la (4.1), positiva se vogliamo che ogni numero reale y possa essere logaritmo di un numero x.

- deve essere anche $\neq 1$ altrimenti, per quanto abbiamo ricordato nel punto 2) del paragrafo precedente, l'equazione (4.12) non avrebbe soluzioni se è $x \neq 1$, ne avrebbe infinite se è $x = 1$.

Per quanto riguarda il *termine noto x*:

202   Capitolo 4. Le funzioni esponenziali, logaritmiche ed iperboliche

- supposto $a > 0$ e $\neq 1$, poiché per la (4.1) il primo membro della (4.12) è positivo qualunque sia il valore di y, la (4.12) ha una sola soluzione se è $x > 0$; non ha soluzioni se è $x \leq 0$.

Concludendo, possiamo allora dire:

- comunque si fissi la base $a \in (0,1) \cup (1,+\infty)$ sono dotati di un solo logaritmo tutti i numeri $x \in (0,+\infty)$.

Dalla definizione data segue che:

1) $\forall\, a \in (0,1) \cup (1,+\infty)$ e $\forall\, x \in (0,+\infty) \Longrightarrow x = a^{\log_a x}$

2) $\forall\, a \in (0,1) \cup (1,+\infty) \Longrightarrow \log_a 1 = 0$

3) $\forall\, a \in (0,1) \cup (1,+\infty)$ e $\forall\, b \in (-\infty,+\infty) \Longrightarrow \log_a a^b = b$
   in particolare se è $b = 1$ si ha $\log_a a = 1$.

4) se $x > 0$ e $\neq 1$ il valore di $\log_a x$ dipende dalla base a fissata e ricordiamo dalle Scuole Superiori che fissate due basi distinte a ed a', $\log_a x$ e $\log_{a'} x$ sono così collegati:

$$\log_a x = \log_{a'} x \cdot \log_a a' \qquad (4.13)$$

e

$$\log_{a'} x = \log_a x \cdot \log_{a'} a \qquad (4.14)$$

Tali formule consentono di calcolare il logaritmo di un numero x in una data base, noto che sia il suo logaritmo in un'altra base. Esse tuttavia sono un po' scomode perché al secondo membro vi compare il prodotto di due logaritmi di basi differenti.

Vediamo se a partire da esse possiamo dedurre altre due formule nel cui secondo membro vi compaiano logaritmi aventi la stessa base.

Se sostituiamo nel secondo membro della (4.13) al posto di $\log_{a'} x$, il secondo membro della (4.14), otteniamo:

$$\log_a x = (\log_a x \cdot \log_{a'} a) \cdot \log_a a' = \log_a x \cdot \log_{a'} a \cdot \log_a a'$$

§ 4.3 Le funzioni esponenziali

da cui, dividendo per $\log_a x$ ambo i membri, si ha:

$$1 = \log_{a'} a \cdot \log_a a' \qquad (4.15)$$

Tenendo presente la (4.15), le (4.13) e (4.14) diventano:

$$\log_a x = \log_{a'} x \cdot \frac{1}{\log_{a'} a} \qquad (4.16)$$

e

$$\log_{a'} x = \log_a x \cdot \frac{1}{\log_a a'} \qquad (4.17)$$

e quanto desideravamo è stato ottenuto.

Per terminare, ricordiamo che le regole fondamentali per il calcolo dei logaritmi sono:

$$\log_a(u \cdot v) = \log_a u + \log_a v \qquad (4.18)$$
$$\log_a \frac{u}{v} = \log_a u - \log_a v \qquad (4.19)$$
$$\log_a u^v = v \cdot \log_a u \qquad (4.20)$$

e che tali regole seguono da quelle ricordate nel paragrafo precedente per il calcolo delle potenze, come lo Studente può facilmente provare.

Siamo finalmente in condizioni di definire le *funzioni esponenziali*!

4.3 Le funzioni esponenziali

Definizione di funzione esponenziale
Si chiama *funzione esponenziale di base* a (con $a > 0$ e $\neq 1$) quella funzione reale di una variabile reale il cui *dominio* è l'insieme $A = (-\infty, +\infty)$ e la cui *legge di associazione* f consiste nell'associare ad ogni punto $x \in A$ come immagine $f(x)$, il valore a^x. In simboli:

$$f: y = f(x) = a^x \quad , \quad x \in A = (-\infty, +\infty) \qquad (4.21)$$

Dalla definizione data segue che esistono infinite funzioni esponenziali: una per ogni scelta di $a \in (0,1) \cup (1,+\infty)$. Poiché qualunque sia la base a fissata si ha $f(0) = 1$, possiamo concludere che il punto $P_0(0,1)$ appartiene al diagramma cartesiano di ciascuna delle infinite funzioni esponenziali esistenti.

Dalle proprietà delle potenze ricordate nel paragrafo 4.1 seguono altrettante proprietà delle funzioni esponenziali.

Vediamo quali!

1) se è $a \in (0,1)$ la funzione esponenziale corrispondente è *monotòna decrescente*.

2) se è invece $a \in (1,+\infty)$ la funzione esponenziale corrispondente è *monotòna crescente*.

3) il *codominio* $f(A)$ di ogni funzione esponenziale è costituito esclusivamente da numeri positivi e quindi ogni funzione esponenziale è *limitata inferiormente* essendo zero un minorante per il codominio $f(A)$ di essa. In simboli:

$$f(A) \subseteq (0,+\infty) \qquad (4.22)$$

Cerchiamo ora di trovare il *codominio* $f(A)$ di una qualunque funzione esponenziale.

Applichiamo a tal fine il procedimento illustrato nel paragrafo 2.7. Tale procedimento ci dice, in questo caso specifico, che un certo numero $b \in (0,+\infty)$ appartiene ad $f(A)$ se l'equazione

$$f(x) = a^x = b \qquad (4.23)$$

avente b come termine noto, ha qualche soluzione in A.

Poiché l'equazione (4.23), qualunque sia $b \in (0,+\infty)$ ha una sola soluzione in A ed è:

$$x = \log_a b \qquad (4.24)$$

concludiamo che è $f(A) = (0,+\infty)$.

Il diagramma cartesiano di una funzione esponenziale può essere di uno dei due tipi seguenti:

§ 4.4 Le funzioni logaritmo

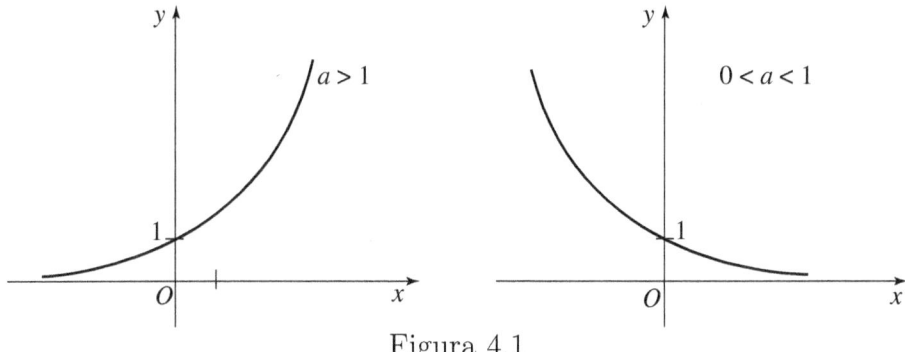

Figura 4.1

Le proprietà elencate, unitamente alla conoscenza del codominio, non giustificano pienamente l'andamento di tali diagrammi, tuttavia essi risulteranno chiari allo Studente dopo aver letto il libro "Derivabilità, diagrammi e formula di Taylor".

In quell'occasione risulterà chiaro anche perché di tutte le funzioni esponenziali la più famosa è quella di base: $a = e =$ (numero di Nepero) $= 2,71828\ldots$, cioè la funzione:

$$f : y = f(x) = e^x \quad , \quad x \in A = (-\infty, +\infty) \tag{4.25}$$

ed, a partire dal paragrafo 4.5, ci occuperemo esclusivamente di essa.

Andiamo intanto a costruire le funzioni inverse delle funzioni esponenziali!

4.4 Le funzioni logaritmo

Poiché ogni funzione esponenziale è monotòna crescente o decrescente, è *invertibile*.

Ricordando quanto abbiamo detto nel paragrafo 2.10 a proposito della funzione inversa f^{-1} di una funzione invertibile f, concludiamo che la funzione inversa f^{-1} di una qualunque funzione esponenziale f ha:

– per *dominio* $f(A) = (0, +\infty)$.

– per *codominio* $A = (-\infty, +\infty)$.

Capitolo 4. Le funzioni esponenziali, logaritmiche ed iperboliche

Per la definizione di logaritmo data nel paragrafo precedente, la *legge di associazione* f^{-1} consiste nell'associare ad ogni punto $y \in (0, +\infty)$ come immagine $f^{-1}(y)$, il logaritmo in base a di y.

Concludendo:

la funzione inversa di una funzione esponenziale f è:

$$f^{-1}: \; x = f^{-1}(y) = \log_a y \quad , \quad y \in f(A) = (0, +\infty)$$

e prende il nome di *funzione logaritmo in base a*.

In particolare se la funzione esponenziale è la (4.25), la sua funzione inversa è la funzione logaritmo in base e e prende il nome di *funzione logaritmo naturale*.

Dai diagrammi cartesiani delle funzioni esponenziali, tenendo presente quanto detto nel paragrafo 2.10, deduciamo i diagrammi delle funzioni logaritmo:

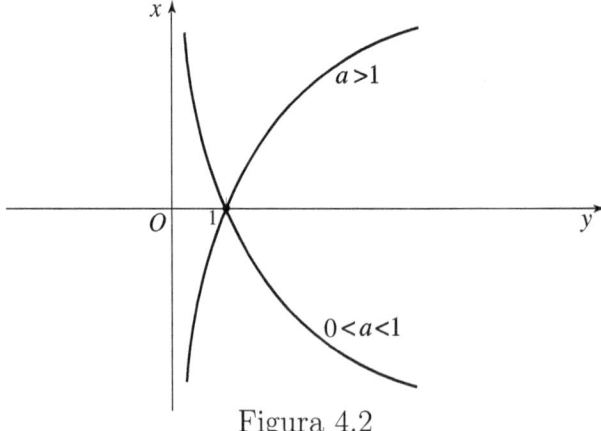

Figura 4.2

Prendiamo ora in esame la funzione esponenziale (4.25) per costruire, a partire da essa, altre funzioni.

4.5 Le funzioni coseno e seno iperbolico

Nel paragrafo 2.5 abbiamo dato le definizioni di *funzione pari* e di *funzione dispari*.
In ciascuna di tali definizioni si fanno due ipotesi:

- una sul *dominio* della funzione, che deve essere *simmetrico rispetto allo zero*, cioè se x appartiene al dominio, anche $-x$ vi deve appartenere.

- l'altra sulla *legge di associazione* che deve attribuire ad *oggetti opposti*: x e $-x$ la *stessa immagine* o *immagini opposte*.

Se una funzione $f: y = f(x)$, $x \in A \subseteq \mathbb{R}$ verifica solo la prima ipotesi, può essere scritta così:

$$f: y = f(x) = \frac{f(x)+f(-x)}{2} + \frac{f(x)-f(-x)}{2} \quad , \quad x \in A \subseteq \mathbb{R} \quad (4.26)$$

ed essere quindi riguardata come somma di due funzioni, di cui:

- la prima $\quad f_1: y = f_1(x) \;=\; \frac{f(x)+f(-x)}{2} \quad , \quad x \in A \subseteq \mathbb{R} \quad$ pari $\quad$ ($\square$)
- la seconda $\quad f_2: y = f_2(x) \;=\; \frac{f(x)-f(-x)}{2} \quad , \quad x \in A \subseteq \mathbb{R} \quad$ dispari $\quad$ ($\square\square$)

Poiché la funzione (4.25) ha per dominio $A = (-\infty, +\infty)$, simmetrico rispetto allo zero, applicando ad essa quanto abbiamo ora detto, per la (4.26) possiamo scrivere:

$$f: y = f(x) = e^x = \frac{e^x + e^{-x}}{2} + \frac{e^x - e^{-x}}{2} \quad , \quad x \in A = (-\infty, +\infty) \quad (4.27)$$

In questo caso specifico le funzioni ($\square$) e ($\square\square$) prendono il nome di *funzione coseno iperbolico* e *funzione seno iperbolico* e le loro leggi di associazione si denotano rispettivamente con i simboli: cosh e sinh.

Concludendo, poniamo le seguenti definizioni:

Si chiama *funzione coseno iperbolico* quella funzione reale di una variabile reale il cui *dominio* è l'insieme

Capitolo 4. Le funzioni esponenziali, logaritmiche ed iperboliche

$A = (-\infty, +\infty)$ e la cui *legge di associazione* f consiste nell'associare ad ogni punto $x \in A$ come immagine $f(x)$, il numero $\frac{e^x + e^{-x}}{2}$ detto *coseno iperbolico* di x e che si denota con $\cosh x$.

In simboli:

$$f: y = f(x) = \cosh x = \frac{e^x + e^{-x}}{2} \quad , \quad x \in A = (-\infty, +\infty) \tag{4.28}$$

Si chiama *funzione seno iperbolico* quella funzione reale di una variabile reale il cui *dominio* è l'insieme $A = (-\infty, +\infty)$ e la cui *legge di associazione* f consiste nell'associare ad ogni punto $x \in A$ come immagine $f(x)$, il numero $\frac{e^x - e^{-x}}{2}$ detto *seno iperbolico* di x e che si denota con $\sinh x$.

In simboli:

$$f: y = f(x) = \sinh x = \frac{e^x - e^{-x}}{2} \quad , \quad x \in A = (-\infty, +\infty) \tag{4.29}$$

Diciamo rapidamente quali sono le proprietà delle nuove funzioni introdotte.

Per quanto riguarda la funzione coseno iperbolico:

1) è una *funzione pari*.

2) il suo *codominio* è l'intervallo $[1, +\infty)$ come lo Studente può controllare utilizzando il metodo esposto nel paragrafo 2.7.

3) il suo diagramma cartesiano (come risulterà chiaro dopo aver letto il libro "Derivabilità, diagrammi e formula di Taylor") è:

4.5 Le funzioni coseno e seno iperbolico

Nel paragrafo 2.5 abbiamo dato le definizioni di *funzione pari* e di *funzione dispari*.
In ciascuna di tali definizioni si fanno due ipotesi:

- una sul *dominio* della funzione, che deve essere *simmetrico rispetto allo zero*, cioè se x appartiene al dominio, anche $-x$ vi deve appartenere.

- l'altra sulla *legge di associazione* che deve attribuire ad *oggetti opposti*: x e $-x$ la *stessa immagine* o *immagini opposte*.

Se una funzione $f : y = f(x)$, $x \in A \subseteq \mathbb{R}$ verifica solo la prima ipotesi, può essere scritta così:

$$f : y = f(x) = \frac{f(x)+f(-x)}{2} + \frac{f(x)-f(-x)}{2} \quad , \quad x \in A \subseteq \mathbb{R} \quad (4.26)$$

ed essere quindi riguardata come somma di due funzioni, di cui:

- la prima $f_1 : y = f_1(x) = \frac{f(x)+f(-x)}{2}$, $x \in A \subseteq \mathbb{R}$ pari ($\square$)
- la seconda $f_2 : y = f_2(x) = \frac{f(x)-f(-x)}{2}$, $x \in A \subseteq \mathbb{R}$ dispari ($\square\square$)

Poiché la funzione (4.25) ha per dominio $A = (-\infty, +\infty)$, simmetrico rispetto allo zero, applicando ad essa quanto abbiamo ora detto, per la (4.26) possiamo scrivere:

$$f : y = f(x) = e^x = \frac{e^x + e^{-x}}{2} + \frac{e^x - e^{-x}}{2} \quad , \quad x \in A = (-\infty, +\infty) \quad (4.27)$$

In questo caso specifico le funzioni ($\square$) e ($\square\square$) prendono il nome di *funzione coseno iperbolico* e *funzione seno iperbolico* e le loro leggi di associazione si denotano rispettivamente con i simboli: cosh e sinh.

Concludendo, poniamo le seguenti definizioni:

Si chiama *funzione coseno iperbolico* quella funzione reale di una variabile reale il cui *dominio* è l'insieme

$A = (-\infty, +\infty)$ e la cui *legge di associazione* f consiste nell'associare ad ogni punto $x \in A$ come immagine $f(x)$, il numero $\frac{e^x + e^{-x}}{2}$ detto *coseno iperbolico* di x e che si denota con $\cosh x$.

In simboli:

$$f: \ y = f(x) = \cosh x = \frac{e^x + e^{-x}}{2} \quad , \quad x \in A = (-\infty, +\infty) \tag{4.28}$$

Si chiama *funzione seno iperbolico* quella funzione reale di una variabile reale il cui *dominio* è l'insieme $A = (-\infty, +\infty)$ e la cui *legge di associazione* f consiste nell'associare ad ogni punto $x \in A$ come immagine $f(x)$, il numero $\frac{e^x - e^{-x}}{2}$ detto *seno iperbolico* di x e che si denota con $\sinh x$.

In simboli:

$$f: \ y = f(x) = \sinh x = \frac{e^x - e^{-x}}{2} \quad , \quad x \in A = (-\infty, +\infty) \tag{4.29}$$

Diciamo rapidamente quali sono le proprietà delle nuove funzioni introdotte.

Per quanto riguarda la funzione coseno iperbolico:

1) è una *funzione pari*.

2) il suo *codominio* è l'intervallo $[1, +\infty)$ come lo Studente può controllare utilizzando il metodo esposto nel paragrafo 2.7.

3) il suo diagramma cartesiano (come risulterà chiaro dopo aver letto il libro "Derivabilità, diagrammi e formula di Taylor") è:

§ 4.5 Le funzioni coseno e seno iperbolico

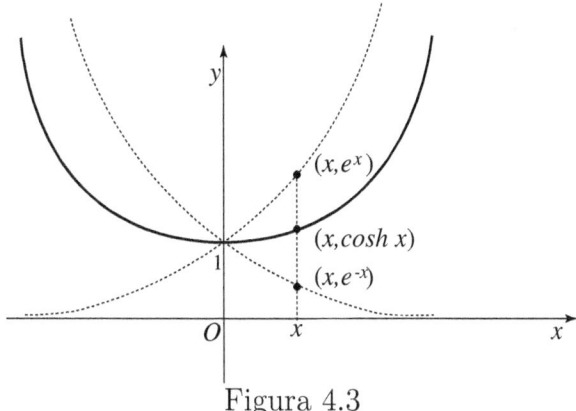

Figura 4.3

Per quanto riguarda invece la funzione seno iperbolico:

1) è una *funzione dispari*.

2) il suo *codominio* è $(-\infty, +\infty)$, come lo Studente può controllare utilizzando il solito metodo del paragrafo 2.7.

3) il suo diagramma cartesiano è:

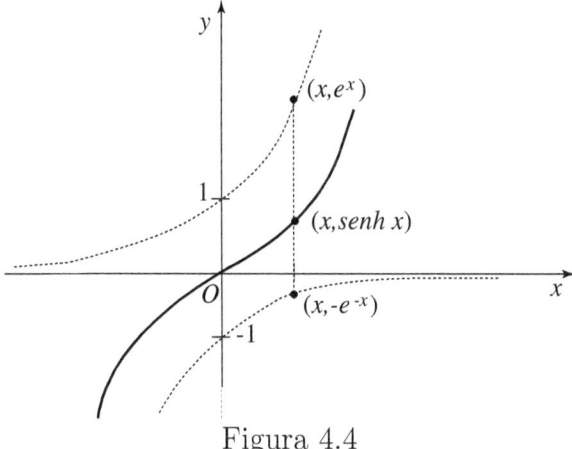

Figura 4.4

Partendo dalle funzioni coseno e seno iperbolico, possiamo costruire altre funzioni.
 Vediamo quali!

4.6 Funzione tangente, cotangente, secante e cosecante iperbolica

Poiché le funzioni seno e coseno iperbolico hanno lo stesso dominio $A = (-\infty, +\infty)$ e risulta:

$$\cosh x \neq 0 \quad , \quad \forall\, x \in A = (-\infty, +\infty)$$

a partire da esse possiamo costruire la funzione quoziente $\frac{\sinh}{\cosh}$ che chiamiamo *funzione tangente iperbolica* e denotiamo con il simbolo tanh.

In simboli:

$$f: y = f(x) = \tanh x = \frac{\sinh x}{\cosh x} \quad , \quad x \in A = (-\infty, +\infty) \qquad (4.30)$$

Tenendo presenti le (4.28) e (4.29), la funzione tangente iperbolica può anche essere espressa così:

$$f: y = f(x) = \tanh x = \frac{e^x - e^{-x}}{e^x + e^{-x}} \quad , \quad x \in A = (-\infty, +\infty) \qquad (4.31)$$

Vediamo ora quali sono le sue proprietà!

1) è una *funzione dispari*.

    Il suo dominio $A = (-\infty, +\infty)$ è infatti simmetrico rispetto allo zero ed inoltre

    $$\tanh(-x) = \frac{\sinh(-x)}{\cosh(-x)} = \frac{-\sinh x}{\cosh x} = -\tanh x$$

    Il suo diagramma cartesiano è allora simmetrico rispetto al punto origine delle coordinate.

2) $x = 0$ ha per *immagine* 0; i punti x negativi hanno l'*immagine negativa* ed i punti x positivi hanno l'*immagine positiva*.

    In simboli:

    $$\tanh x = \begin{cases} < 0 & se \quad x \in (-\infty, 0) \\ 0 & se \quad x = 0 \\ > 0 & se \quad x \in (0, +\infty) \end{cases}$$

§ 4.6 Funzione tangente, cotangente, secante e cosecante iperbolica

3) è una *funzione limitata* però non ha né *minimo* né *massimo assoluto*. Il suo codominio infatti è l'intervallo $(-1, 1)$.
   Proviamolo!

Utilizzando il solito metodo illustrato nel paragrafo 2.7 e servendosi della (4.31), si ha che il codominio è costituito da tutti i numeri reali b per i quali l'equazione

$$\frac{e^x - e^{-x}}{e^x + e^{-x}} = b \qquad (4.32)$$

ammette *almeno* una soluzione.
Tenendo presente che è $e^{-x} = \dfrac{1}{e^x}$, con semplici calcoli a partire dalla (4.32), si arriva all'equazione equivalente:

$$(1 - b)(e^x)^2 = 1 + b \qquad (4.33)$$

Possiamo intanto dire subito che la (4.33) *non ha soluzioni* se è $b = 1$ perché il suo primo membro vale zero qualunque sia il valore attribuito alla x mentre il secondo membro vale due.
Se è $b \neq 1$, dividendo ambo i membri della (4.33) per $1 - b$, si ottiene quest'altra equazione ad essa equivalente:

$$(e^x)^2 = \frac{1+b}{1-b} \qquad (4.34)$$

la quale *non ha soluzioni* se è:

$$\frac{1+b}{1-b} \leq 0 \qquad (4.35)$$

perché $(e^x)^2$ è positivo qualunque sia il valore attribuito alla x.
Poiché l'insieme delle soluzioni della (4.35) è $(-\infty, -1] \cup (1, +\infty)$, riassumendo possiamo dire:

l'equazione (4.32) *non ha soluzioni* se $b \in (-\infty, -1] \cup [1, +\infty)$.

Vediamo se le ha per $b \in (-1, 1)$!

212   Capitolo 4. Le funzioni esponenziali, logaritmiche ed iperboliche

Estraendo la radice quadrata, dalla (4.34) si ottengono due equazioni:

$$e^x = -\sqrt{\frac{1+b}{1-b}} \quad \text{e} \quad e^x = \sqrt{\frac{1+b}{1-b}} \qquad (4.36)$$

e l'insieme delle soluzioni della (4.34) e quindi della (4.32) è l'unione degli insiemi delle soluzioni di queste ultime.

La prima delle (4.36) non ha però soluzioni, quindi l'insieme delle soluzioni della (4.32) coincide con l'insieme delle soluzioni della seconda delle (4.36).
Quest'ultima per ogni $b \in (-1,1)$ ha una sola soluzione che è questa:

$$x = \log_e \sqrt{\frac{1+b}{1-b}} \qquad (4.37)$$

La (4.37) ci dice due cose:

1) che $(-1,1)$ è il codominio della funzione tanh.

2) poiché ogni $b \in (-1,1)$ è immagine di un solo x (dato appunto dalla (4.37)), che la funzione tanh è *invertibile*.

Richiedendo allo Studente il solito momentaneo "atto di fede" diciamo che il diagramma cartesiano della funzione tangente iperbolica è:

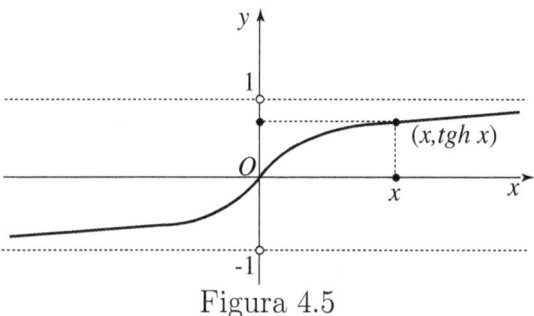

Figura 4.5

Definiamo ora rapidamente le altre funzioni iperboliche!

Poiché $\sinh 0 = 0$, se consideriamo le restrizioni delle funzioni sinh e cosh aventi per dominio $A' = (-\infty, 0) \cup (0, +\infty)$ possiamo costruire la

§ 4.6 Funzione tangente, cotangente, secante e cosecante iperbolica

funzione quoziente $\frac{\cosh}{\sinh}$ che chiamiamo *funzione cotangente iperbolica* e denotiamo con cotanh.
In simboli:

$$f: y = f(x) = \cotanh x = \frac{\cosh x}{\sinh x} \quad , \quad x \in A' = (-\infty, 0) \cup (0, +\infty) \tag{4.38}$$

Tenendo anche qui presente le (4.28) e (4.29) la funzione cotangente iperbolica può essere espressa così:

$$f: y = f(x) = \cotanh x = \frac{e^x + e^{-x}}{e^x - e^{-x}} \quad , \quad x \in A' \tag{4.39}$$

Non ci attardiamo a scoprirne le proprietà ma lasciamo ciò come esercizio allo Studente.

L'unica cosa che diciamo è che il suo diagramma cartesiano è:

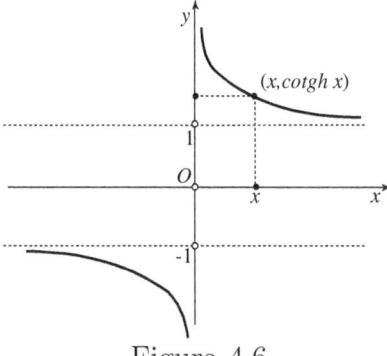

Figura 4.6

Diamo intanto le definizioni delle funzioni secante e cosecante iperbolica.

Si chiama *funzione secante iperbolica* quella funzione reale di una variabile reale il cui *dominio* è l'insieme $A = (-\infty, +\infty)$ e la cui *legge di associazione* f consiste nell'associare ad ogni punto $x \in A$ come immagine $f(x)$, il numero $\frac{1}{\cosh x}$ detto *secante iperbolica* di x e si denota con sech.

In simboli:

$$f: y = f(x) = \text{sech}\, x = \frac{1}{\cosh x} \quad , \quad x \in A = (-\infty, +\infty) \tag{4.40}$$

Il suo diagramma cartesiano è:

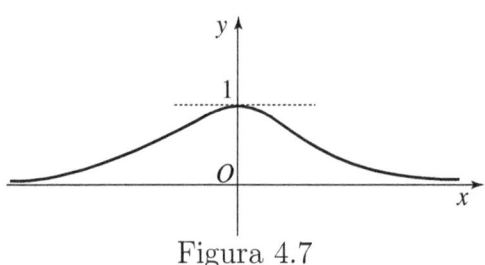

Figura 4.7

Si chiama *funzione cosecante iperbolica* quella funzione reale di una variabile reale il cui *dominio* è l'insieme $A = (-\infty, 0) \cup (0, +\infty)$ e la cui *legge di associazione* f consiste nell'associare ad ogni punto $x \in A$ come immagine $f(x)$, il numero $\frac{1}{\sinh x}$ detto *cosecante iperbolica* di x e si denota con cosech.

In simboli:

$$f: y = f(x) = \text{cosech}\, x = \frac{1}{\sinh x} \quad , \quad x \in A = (-\infty, 0) \cup (0, +\infty) \tag{4.41}$$

Il suo diagramma cartesiano è:

§ 4.7 Relazioni tra le funzioni iperboliche

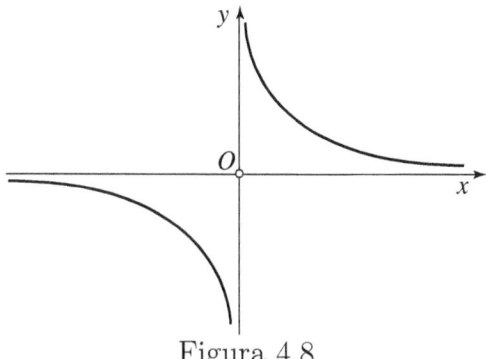

Figura 4.8

A questo punto è naturale chiedersi:

> Perché alle funzioni introdotte in questo capitolo abbiamo dato gli stessi nomi (con l'aggiunta dell'aggettivo "iperbolico") dati alle funzioni goniometriche, pur essendo molto differenti le leggi di associazione delle funzioni che portano lo stesso nome?

Essendo agli inizi del nostro "cammino nella Matematica", non siamo in condizione di giustificare tali denominazioni; diciamo tuttavia, a titolo di notizia, che esiste un legame profondo tra esse, come lo Studente si renderà conto quando studierà le "funzioni complesse di una variabile complessa".

Vediamo intanto se esistono delle relazioni tra le funzioni introdotte.

4.7 Relazioni tra le funzioni iperboliche

Osserviamo intanto che le funzioni *tanh*, *cotanh*, *sech*, *cosech* sono state definite a partire dalle funzioni sinh e cosh e pertanto la legge di associazione di ciascuna di esse è già una relazione tra la "funzione costruita" e le "funzioni" (o la "funzione") usate per costruirla.

Oltre a tali relazioni, ve ne sono altre?
Poiché tutte le funzioni iperboliche sono costruite a partire dall'unica "funzione mattone"

$$f: y = f(x) = e^x \quad , \quad x \in A = (-\infty, +\infty)$$

Capitolo 4. *Le funzioni esponenziali, logaritmiche ed iperboliche*

è naturale aspettarsi che ve ne siano.
    Vediamo se ciò è certo!
Tenendo presenti le definizioni di $\cosh x$ e $\sinh x$, si ha intanto:

$$\cosh x + \sinh x = e^x$$
$$\cosh x - \sinh x = e^{-x}$$

Se moltiplichiamo membro a membro tali uguaglianze si ha:

$$(\cosh x)^2 - (\sinh x)^2 = e^x \cdot e^{-x} = e^{x-x} = e^0 = 1$$

Scrivendo i quadrati di $\cosh x$ e $\sinh x$ nella forma $\cosh^2 x$ e $\sinh^2 x$, l'uguaglianza ottenuta diviene:

$$\cosh^2 x - \sinh^2 x = 1 \qquad (4.42)$$

La (4.42) relaziona direttamente il *coseno iperbolico* ed il *seno iperbolico* ed unitamente all'uguaglianza (già conosciuta):

$$\tanh x = \frac{\sinh x}{\cosh x} \qquad (4.43)$$

permette di calcolare rapidamente due dei tre numeri

$$\sinh x \;,\; \cosh x \;,\; \tanh x$$

conoscendo il terzo.
    Vediamo come!

Esempio 4.1 *Sapendo che* $\sinh x = 2$*, calcolare* $\cosh x$ *e* $\tanh x$*.*
    Dalla (4.42) segue che:

$$\cosh x = +\sqrt{1 + \sinh^2 x} = +\sqrt{1 + 4} = \sqrt{5}$$
$$\tanh x = \frac{\sinh x}{\cosh x} = \frac{2}{\sqrt{5}} = \frac{2\sqrt{5}}{5}$$

Abbiamo posto il segno più davanti alla radice $\sqrt{1 + \sinh^2 x}$ *per indicare che dobbiamo considerare solo la radice quadrata positiva di* $1 + \sinh^2 x$ *poiché* $\cosh x$ *è sempre positivo.*

§ 4.7 Relazioni tra le funzioni iperboliche

Esempio 4.2 *Sapendo che* $\cosh x = 3$, *calcolare* $\sinh x$ *e* $\tanh x$.
  Dalla (4.42) segue che :

$$\sinh^2 x = \cosh^2 x - 1 \implies \begin{cases} \sinh x = \sqrt{\cosh^2 x - 1} & \text{se è } x \geq 0 \\ \sinh x = -\sqrt{\cosh^2 x - 1} & \text{se è } x < 0 \end{cases}$$

da cui
$$\begin{cases} \sinh x = \sqrt{9-1} = 2\sqrt{2} & \text{se è } x \geq 0 \\ \sinh x = -\sqrt{9-1} = -2\sqrt{2} & \text{se è } x < 0 \end{cases}$$

e quindi
$$\begin{cases} \tanh x = \frac{2\sqrt{2}}{3} & \text{se è } x \geq 0 \\ \tanh x = -\frac{2\sqrt{2}}{3} & \text{se è } x < 0 \end{cases}$$

Esempio 4.3 *Sapendo che* $\tanh x = \frac{1}{2}$, *calcolare* $\sinh x$ *e* $\cosh x$.
  Se dividiamo i due membri della (4.42) per $\cosh^2 x$, *che sappiamo essere* $\neq 0$, *otteniamo:*

$$1 - \tanh^2 x = \frac{1}{\cosh^2 x}$$

da cui
$$\cosh x = \frac{1}{\sqrt{1 - \tanh^2 x}} = \frac{1}{\sqrt{1 - \frac{1}{4}}} = \frac{2}{\sqrt{3}}$$

Esistono altre relazioni?

Il fatto che vi sia, come abbiamo detto nel paragrafo 4.6 a titolo di notizia, un profondo legame tra le funzioni goniometriche e quelle iperboliche, lascia prevedere che tra queste ultime esistano relazioni analoghe a quelle espresse dalle formule di addizione, sottrazione, duplicazione, bisezione, prostaferesi, ecc... stabilite nel capitolo 3 tra le funzioni goniometriche.

Continuiamo allora a cercare relazioni!

Presi due numeri x_1 e x_2, se moltiplichiamo $\sinh x_1$ per $\sinh x_2$, otteniamo:

$$\begin{aligned}
\sinh x_1 \cdot \sinh x_2 &= \frac{e^{x_1} - e^{-x_1}}{2} \cdot \frac{e^{x_2} - e^{-x_2}}{2} = \frac{(e^{x_1} - e^{-x_1}) \cdot (e^{x_2} - e^{-x_2})}{4} = \\
&= \frac{\left(e^{x_1+x_2} + e^{-(x_1+x_2)}\right) - \left(e^{x_1-x_2} + e^{-(x_1-x_2)}\right)}{4} = \\
&= \frac{1}{2}\left[\frac{e^{x_1+x_2} + e^{-(x_1+x_2)}}{2} - \frac{e^{x_1-x_2} + e^{-(x_1-x_2)}}{2}\right] = \\
&= \frac{1}{2}[\cosh(x_1 + x_2) - \cosh(x_1 - x_2)] \quad (4.44)
\end{aligned}$$

Se moltiplichiamo invece $\sinh x_1$ per $\cosh x_2$, $\cosh x_1$ per $\sinh x_2$ ed infine $\cosh x_1$ per $\cosh x_2$, facendo lo stesso tipo di calcoli, che lasciamo come esercizio allo Studente, si ottengono queste altre relazioni:

$$\sinh x_1 \cdot \cosh x_2 = \frac{1}{2}[\sinh(x_1 + x_2) + \sinh(x_1 - x_2)] \quad (4.45)$$

$$\cosh x_1 \cdot \sinh x_2 = \frac{1}{2}[\sinh(x_1 + x_2) - \sinh(x_1 - x_2)] \quad (4.46)$$

$$\cosh x_1 \cdot \cosh x_2 = \frac{1}{2}[\cosh(x_1 + x_2) + \cosh(x_1 - x_2)] \quad (4.47)$$

Sommando membro a membro le (4.45) e (4.46) e poi la (4.44) alla (4.47) otteniamo nei due casi:

$$\begin{aligned}
\sinh(x_1 + x_2) &= \sinh x_1 \cdot \cosh x_2 + \cosh x_1 \cdot \sinh x_2 \\
\text{e} \quad \cosh(x_1 + x_2) &= \cosh x_1 \cdot \cosh x_2 + \sinh x_1 \sinh x_2
\end{aligned} \quad (4.48)$$

Tali formule sono analoghe a quelle di *addizione* incontrate nel *paragrafo 3.12*.

Se invece di sommare, sottraiamo membro a membro la (4.46) alla (4.45) e la (4.44) alla (4.47) otteniamo nei due casi quest'altre formule:

$$\begin{aligned}
\sinh(x_1 - x_2) &= \sinh x_1 \cdot \cosh x_2 - \cosh x_1 \cdot \sinh x_2 \\
\text{e} \quad \cosh(x_1 - x_2) &= \cosh x_1 \cdot \cosh x_2 - \sinh x_1 \cdot \sinh x_2
\end{aligned} \quad (4.49)$$

§ 4.7 Relazioni tra le funzioni iperboliche

analoghe a quelle di *sottrazione* incontrate sempre nel *paragrafo* 3.12 [2].
Se è $x_1 = x_2 = x$, dalle (4.48) otteniamo:

$$\sinh(x+x) = \sinh(2x) = 2\sinh x \cdot \cosh x \qquad (4.50)$$
$$e \quad \cosh(x+x) = \cosh(2x) = \cosh^2 x + \sinh^2 x \qquad (4.51)$$

Tali formule sono analoghe a quelle di *duplicazione*.

Se teniamo poi conto della (4.42), la (4.51) può essere scritta nei due modi seguenti:

$$\cosh(2x) = 1 + 2\sinh^2 x \qquad (4.52)$$
$$e \quad \cosh(2x) = 2\cosh^2 x - 1 \qquad (4.53)$$

Dalla (4.52), ricavando $\sinh^2 x$ ed estraendo la radice quadrata, otteniamo:

$$\sinh x = \pm\sqrt{\frac{\cosh(2x) - 1}{2}} \qquad (4.54)$$

mentre dalla (4.53), ricavando $\cosh^2 x$ ed estraendo la radice quadrata, otteniamo:

$$\cosh x = +\sqrt{\frac{\cosh(2x) + 1}{2}} \qquad (4.55)$$

Dei due segni posti nella (4.54) davanti alla radice quadrata, si sceglie il segno + se è $x \geq 0$, il segno − se è invece $x < 0$ ricordando appunto che è $\sinh x > 0$ se è $x > 0$ e $\sinh x < 0$ se è $x < 0$.
Nella (4.55) invece abbiamo posto solo il segno + davanti alla radice quadrata perché è $\cosh x > 0$, qualunque sia il valore di x.
Le formule (4.54) e (4.55) sono analoghe alle *formule di bisezione*.

Non vogliamo dilungarci ulteriormente su tale questione ma, come utile esercizio, invitiamo lo Studente a ricavare le relazioni analoghe a quelle stabilite nel capitolo 3 tra le funzioni goniometriche, che non abbiamo ancora esaminato.

---

[2] Le formule (4.49) possono anche essere ottenute direttamente dalle (4.48); basta infatti scrivere, come abbiamo fatto nel paragrafo 3.12 per ottenere le formule di sottrazione, $\sinh(x_1 - x_2) = \sinh[x_1 + (-x_2)]$ e $\cosh(x_1 - x_2) = \cosh[x_1 + (-x_2)]$, applicare la (4.48) e tener conto infine che il coseno iperbolico è una funzione pari mentre il seno iperbolico è una funzione dispari.

220   Capitolo 4. Le funzioni esponenziali, logaritmiche ed iperboliche

Per completare il quadro, diciamo invece due parole sulle *funzioni inverse* delle *funzioni iperboliche* introdotte.

4.8 Le funzioni iperboliche inverse

Osservando i diagrammi cartesiani delle funzioni iperboliche introdotte ci accorgiamo che né la funzione coseno iperbolico né la funzione secante iperbolica sono invertibili perché *funzioni pari*, mentre tutte le altre lo sono.
Delle prime due tuttavia si suol prendere in considerazione le restrizioni di dominio $[0, +\infty)$ le quali sono invertibili: la prima perché *monotòna crescente*, la seconda perché *monotòna decrescente*.

A titolo di esempio costruiamo la funzione inversa della restrizione della *funzione coseno iperbolico* di *dominio* $A' = [0, +\infty)$:

$$f \,:\, y = f(x) = \cosh x = \frac{e^x + e^{-x}}{2} \quad , \quad x \in A' = [0, +\infty) \qquad (4.56)$$

lasciando come esercizio allo Studente la costruzione delle funzioni inverse di tutte le altre funzioni iperboliche.

Poiché il codominio della (4.56) è $[1, +\infty)$, concludiamo che la sua funzione inversa che prende il nome di *funzione arcocoseno iperbolico* e si denota con il simbolo arccosh, ha per dominio $[1, +\infty)$ ed il suo diagramma cartesiano, tenendo presente quanto abbiamo detto nel *paragrafo 2.10* a proposito della funzione inversa, è:

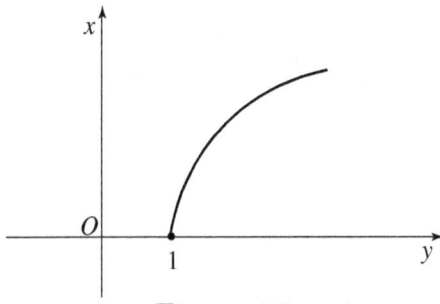

Figura 4.9

§ 4.8 Le funzioni iperboliche inverse

Per quanto riguarda la legge di associazione, è facile convincersi tenendo presente quanto abbiamo detto nel paragrafo 2.6 a proposito dell'immagine inversa di un numero, che essa è rappresentabile mediante la "formula" che fornisce la soluzione positiva dell'equazione:

$$\cosh x = \frac{e^x + e^{-x}}{2} = y \quad , \quad \text{con} \quad y \in [1, +\infty) \tag{4.57}$$

Cerchiamo tale formula!

L'equazione (4.57) è equivalente all'equazione $e^x + \frac{1}{e^x} = 2y$ che a sua volta è equivalente all'equazione:

$$(e^x)^2 - 2ye^x + 1 = 0 \tag{4.58}$$

Se nella (4.58) consideriamo come incognita e^x invece di x, essa è un'equazione di secondo grado le cui soluzioni sono:

$$e^x = y + \sqrt{y^2 - 1} \quad \text{e} \quad e^x = y - \sqrt{y^2 - 1} \tag{4.59}$$

Calcolando il logaritmo in base e di ambo i membri delle (4.59) si ha:

$$x = \log_e \left(y + \sqrt{y^2 - 1}\right) \quad \text{e} \quad x = \log_e \left(y - \sqrt{y^2 - 1}\right) \tag{4.60}$$

I due valori di x forniti dalle (4.60) sono due numeri opposti come ci si può rendere conto costatando che la loro somma vale zero[3].

La prima delle (4.60) è la "formula" cercata. Possiamo allora scrivere:

$$f^{-1}: \ x = f^{-1}(y) = \text{arccosh}\, y = \log_e \left(y + \sqrt{y^2 - 1}\right) \quad , \quad y \in [1, +\infty) \tag{4.61}$$

---

[3]Si ha infatti:
$$\log_e \left(y + \sqrt{y^2 - 1}\right) + \log_e \left(y - \sqrt{y^2 - 1}\right) =$$
$$= \log_e \left[\left(y + \sqrt{y^2 - 1}\right) \cdot \left(y - \sqrt{y^2 - 1}\right)\right] =$$
$$= \log_e \left[y^2 - \left(\sqrt{y^2 - 1}\right)^2\right] = \log_e [y^2 - (y^2 - 1)] = 0$$

Capitolo 4. Le funzioni esponenziali, logaritmiche ed iperboliche

Sulla falsariga di come abbiamo costruito la funzione arco–coseno iperbolico invitiamo lo Studente a costruire le funzioni inverse delle altre funzioni iperboliche che prendono rispettivamente i nomi di:

– *funzione arcoseno iperbolico* e si denota con il simbolo arcsinh.

– *funzione arcotangente iperbolica* e si denota con il simbolo arctanh.

– *funzione arcocotangente iperbolica* e si denota con il simbolo arccotanh.

– *funzione arcosecante iperbolica* e si denota con il simbolo arcsech.

– *funzione arcocosecante iperbolica* e si denota con il simbolo arccosech.

Se avrà lavorato correttamente, sarà arrivato ai seguenti risultati:

$$f^{-1} : x = f^{-1}(y) = \operatorname{arcsinh} y = \log_e \left(y + \sqrt{y^2+1}\right) \quad , \quad y \in (-\infty, +\infty)$$
$$f^{-1} : x = f^{-1}(y) = \operatorname{arctanh} y = \tfrac{1}{2} \log_e \tfrac{1+y}{1-y} \quad , \quad y \in (-1, 1)$$
$$f^{-1} : x = f^{-1}(y) = \operatorname{arccotanh} y = \tfrac{1}{2} \log_e \tfrac{y+1}{y-1} \quad , \quad y \in (-\infty, -1) \cup (1, +\infty)$$
$$f^{-1} : x = f^{-1}(y) = \operatorname{arcsech} y = \log_e \tfrac{1+\sqrt{1-y^2}}{y} \quad , \quad y \in (0, 1)$$
$$f^{-1} : x = f^{-1}(y) = \operatorname{arccosech} y = \log_e \tfrac{1+\sqrt{1+y^2}}{y} \quad , \quad y \in (-\infty, 0) \cup (0, +\infty)$$

Per comodità dello Studente, come abbiamo fatto per le funzioni goniometriche, elenchiamo qui di seguito le funzioni iperboliche introdotte, denotando con f la legge di associazione e con x l'oggetto.

4.9 Elenco delle funzioni iperboliche

$$
\begin{aligned}
&f : y = f(x) = \cosh x &&, \quad x \in (-\infty, +\infty) \\
&f : y = f(x) = \operatorname{arccosh} x &&, \quad x \in [1, +\infty) \\
&f : y = f(x) = \sinh x &&, \quad x \in (-\infty, +\infty) \\
&f : y = f(x) = \operatorname{arcsinh} x &&, \quad x \in (-\infty, +\infty) \\
&f : y = f(x) = \tanh x &&, \quad x \in (-\infty, +\infty) \\
&f : y = f(x) = \operatorname{arctanh} x &&, \quad x \in (-1, 1) \\
&f : y = f(x) = \cotanh x &&, \quad x \in (-\infty, 0) \cup (0, +\infty) \\
&f : y = f(x) = \operatorname{arccotanh} x &&, \quad x \in (-\infty, -1) \cup (1, +\infty) \\
&f : y = f(x) = \sech x &&, \quad x \in (-\infty, +\infty) \\
&f : y = f(x) = \operatorname{arcsech} x &&, \quad x \in (0, 1) \\
&f : y = f(x) = \cosech x &&, \quad x \in (-\infty, 0) \cup (0, +\infty) \\
&f : y = f(x) = \operatorname{arccosech} x &&, \quad x \in (-\infty, 0) \cup (0, +\infty)
\end{aligned}
$$

Altre cose si potrebbero dire sulle funzioni introdotte, ma non vogliamo dilungarci ulteriormente essendo convinti che lo Studente le scoprirà da solo facendo esercizi.

Ci auguriamo di non essere stati troppo noiosi e se addirittura qualcuno ha preso un po' di gusto a seguire il nostro discorso e decide di accettarci come guida nel cammino matematico, può leggere gli altri libri della collana, preferibilmente nell'ordine in cui sono stati citati nella *Prefazione*.

Esercizi sugli argomenti trattati nel Capitolo 4

Esercizi sulle funzioni esponenziali

Esercizio 4.1 *Data una qualunque funzione esponenziale*

$$f: y = f(x) = a^x \ (con \ a > 0 \ e \neq 1) \ , \ x \in A = (-\infty, +\infty)$$

è vero che $\forall \ x_1, x_2 \in A \Longrightarrow f(x_1 + x_2) = f(x_1) \cdot f(x_2)$?

Esercizio 4.2 *Date due funzioni esponenziali*

$$f: y = f(x) = a^x \quad (con \ a > 1) \quad , \quad x \in A = (-\infty, +\infty)$$

e

$$g: y = g(x) = b^x \quad (con \ 0 < b < 1) \quad , \quad x \in A = (-\infty, +\infty)$$

dire:

1) *se* $\forall \ x \neq 0 \Longrightarrow \frac{f(x) - g(x)}{x} > 0$.

2) *per quali valori di* $x \in A$ *risulta* $[g(x)]^{f(x)} > 1$.

3) *se la funzione* $h: y = h(x) = \frac{f(x)}{g(x)}$, $x \in A$ *è esponenziale e per quali valori di* $x \in A$ *risulta* $h(x) > f(x)$.

4) *che relazione deve intercorrere tra "a" e "b" affinché la funzione* $p: y = p(x) = f(x) \cdot g(x)$, $x \in A$, *risulti monotòna crescente.*

5) se esistono valori di "a" e di "b" per cui risulta $f(x) = g(x-1)$, $\forall x \in A$.

Esercizio 4.3 *Data una funzione esponenziale* $f : y = f(x) = a^x$ *(con $a > 1$), $x \in A$ sia x_0 un fissato punto di A e h un qualunque numero positivo. Dimostrare che risulta:*

$$f(x_0 + h) - f(x_0) > f(x_0) - f(x_0 - h)$$

Esercizi sulle funzioni logaritmo

Esercizio 4.4 *Data la funzione* $f : y = f(x) = \log_2 x$, $x \in A = (0, +\infty)$ *calcolare:*

$$f(1), \ f(2), \ f(\frac{1}{2}), \ f(0,25), \ f(32), \ f(2^{\sqrt{2}}), \ f\left((\frac{1}{2})^{\sqrt{2}}\right)$$

Esercizio 4.5 *Date due funzioni logaritmo:*

$$f : y = f(x) = \log_a x \quad (con \ 0 < a < 1) \ , \quad x \in A = (0, +\infty)$$

e

$$g : y = g(x) = \log_b x \quad (con \ b > 1) \ , \quad x \in A = (0, +\infty)$$

dire se per $\forall \ x \in (0,1) \cup (1, +\infty)$ risulta $\dfrac{x-1}{\log_a x - \log_b x} < 0$.

Esercizio 4.6 *Date due funzioni logaritmo:*

$$f : y = f(x) = \log_a x \quad (con \ a > 1) \ , \quad x \in A = (0, +\infty)$$

e

$$g : y = g(x) = \log_b x \quad (con \ 0 < b < 1) \ , \quad x \in A = (0, +\infty)$$

dire:

1) *per quali valori di $x \in (0,1) \cup (1, +\infty)$ risulta* $\dfrac{f(x) - g(x)}{x - 1} > 0$.

2) *per quali valori di x ha senso scrivere $[f(x)]^{g(x)}$ e per quali valori di x risulta $[f(x)]^{g(x)} > 1$.*

3) *se si può costruire la funzione composta $f \circ g$; se non si può, esiste una restrizione f^* di f ed una restrizione g^* di g tali da poter costruire $f^* \circ g^*$?*

4) *quale è il segno di ciascuna delle seguenti espressioni:*

   a) $\dfrac{f(x) \cdot g(x)}{(x-1)^3}$,   se è $x > 0$ e $x \neq 1$.

   b) $\dfrac{|f(x)|^{g(x)}}{x-a}$,   se è $x > 1$ e $x \neq a$.

   c) $\dfrac{f(x)}{g(x)-1}$,   se è $x > 0$ e $x \neq b$.

   d) $\dfrac{f(x)-g(x)}{g(x)+1}$,   se è $x > 0$ e $x \neq \frac{1}{b}$.

Esercizio 4.7 *Calcolare il massimo valore di δ per cui si ha:*

$$|x-3| < \delta \implies |\log_{10} x - \log_{10} 3| < 0,01$$

Esercizi sulle funzioni iperboliche

Esercizio 4.8 *Verificare che le "formule" $y = \tanh x$ e $y = \dfrac{\sinh x + 2\sinh^3 x}{2\cosh^3 x - \cosh x}$ rappresentano la legge di associazione di una stessa funzione.*

Esercizio 4.9 *Risolvere le seguenti equazioni:*

1) $2\sinh^2 x - \sinh x = 0$

2) $3\tanh x = 1 - \operatorname{sech}^2 x$.

3) $\tanh^2 x = 6 - 5\tanh x$.

4) $x\cosh x - x - \cosh x + 1 = 0$.

Esercizio 4.10 *Calcolare:*

1) $\sinh(\operatorname{arccosh} 2)$.

2) $\tanh(\operatorname{arccosech}(-1))$.

3) $\operatorname{arctanh}(\sinh(-2))$.

4) $\cosh(\operatorname{arctanh} \frac{1}{2})$.

5) $\sinh(\operatorname{arctanh}(-\frac{1}{2}))$.

Per fornire allo Studente un modello di come procedere, risolviamo il primo esercizio.

Se denotiamo con x quel numero tale che $\cosh x = 2$, dalla (4.42) segue:
$$\sinh x = \sqrt{\cosh^2 x - 1} = \sqrt{2^2 - 1} = \sqrt{3}$$

Si ha allora:
$$x = \operatorname{arcsinh} \sqrt{3} = \operatorname{arccosh} 2$$

da cui segue:
$$\sinh(\operatorname{arccosh} 2) = \sinh(\operatorname{arcsinh} \sqrt{3}) = \sqrt{3}$$

Risposte agli esercizi del Capitolo 4

Esercizi sulle funzioni esponenziali

Risposta 4.1

Sì

Risposta 4.2

1) Sì

2) Per $x \in (-\infty, 0)$

3) h è esponenziale; per $x \in (0, +\infty)$

4) $a \cdot b > 1$

5) Non esistono

Esercizi sulle funzioni logaritmo

Risposta 4.4
$f(1) = 0$; $f(2) = 1$; $f(\frac{1}{2}) = -1$; $f(0,25) = -2$; $f(32) = 5$;
$f(2^{\sqrt{2}}) = \sqrt{2}$; $f\left((\frac{1}{2})^{\sqrt{2}}\right) = -\sqrt{2}$

Risposta 4.5

Sì

Risposta 4.6

1) Per $x \in (1, +\infty)$

2) Per $x \in (1, +\infty)$; per $x \in (1, a)$

3) No; la restrizione f^* di dominio $(1, +\infty)$ e $g^* = g$

4)   a) Per $x \in (0, 1)$ il segno è $+$; per $x \in (1, +\infty)$ il segno è $-$

    b) Per $x \in (1, a)$ il segno è $-$; per $x \in (a, +\infty)$ il segno è $+$

    c) Per $x \in (0, b)$ il segno è $-$; per $x \in (b, 1)$ il segno è $+$;
Per $x = 1$ vale 0; per $x \in (1, +\infty)$ il segno è $-$.

    d) Per $x \in (0, 1)$ il segno è $-$; per $x = 1$ vale 0; per $x \in (1, \frac{1}{b})$ il segno è $+$; per $x \in (\frac{1}{b}, +\infty)$ il segno è $-$

Risposta 4.7

$\delta = 3\left(1 - 10^{-0,02}\right)$

Esercizi sulle funzioni iperboliche

Risposta 4.9

1) $x_1 = 0$, $x_2 = \operatorname{arcsinh} \frac{1}{2}$

2) $x_1 = 0$

3) Non ha soluzioni

4) $x_1 = 0$, $x_2 = 1$

Risposta 4.10

1) $\sqrt{3}$.

2) $-\sqrt{\frac{1}{2}}$

3) $\dfrac{1}{2}\log_e\dfrac{1+\sinh(-2)}{1-\sinh(-2)}$

4) $\dfrac{2}{\sqrt{3}}$

5) $-\dfrac{1}{\sqrt{3}}$

www.ingramcontent.com/pod-product-compliance
Lightning Source LLC
Chambersburg PA
CBHW080240180526
45167CB00006B/2347